T. S. Jayanthi
S. R. Chitra

ASTROFÍSICA-Informação astrofísica

T. S. Jayanthi
S. R. Chitra

ASTROFÍSICA-Informação astrofísica

ScienciaScripts

Imprint

Any brand names and product names mentioned in this book are subject to trademark, brand or patent protection and are trademarks or registered trademarks of their respective holders. The use of brand names, product names, common names, trade names, product descriptions etc. even without a particular marking in this work is in no way to be construed to mean that such names may be regarded as unrestricted in respect of trademark and brand protection legislation and could thus be used by anyone.

Cover image: www.ingimage.com

This book is a translation from the original published under ISBN 978-620-7-46658-0.

Publisher:
Sciencia Scripts
is a trademark of
Dodo Books Indian Ocean Ltd. and OmniScriptum S.R.L publishing group

120 High Road, East Finchley, London, N2 9ED, United Kingdom
Str. Armeneasca 28/1, office 1, Chisinau MD-2012, Republic of Moldova, Europe
Printed at: see last page
ISBN: 978-620-7-91303-9

Conteúdo

Este livro destina-se a ser um livro de referência para estudantes de Física, Química e Engenharia.

O presente livro, **"Astrofísica"**, é um ramo da ciência espacial que aplica as leis da física e da química para procurar compreender o universo e o nosso lugar nele. Este campo explora temas como o nascimento, a vida e a morte de estrelas, planetas, galáxias, nebulosas e outros objectos no universo.

Estamos gratos a Deus e aos nossos pais. Agradecemos também à nossa instituição pelo seu apoio total para a publicação deste livro.

AUTOR CORRESPONDENTE

Dr. T. S. Jayanthi

Diretor e Professor Associado, Departamento de Física, Vivekananda College, Agasteeswaram, (afiliado à Manonmaniam Sundaranar University, Tirunelveli), Tamilnadu, Índia.

jayajeeva555@gmail.com

Implementação por

Dr. Subbiah Rammohan Chitra Diretor e Professor Associado, Departamento de Física, P K N College, Madurai Tamilnadu na Índia jaicitra@yahoo.co.in linkedin. com/in/ s-r-chitra-73 researchgate.net/s r chitra

CAPÍTULO 1

Telescópios 1 Introdução

Um **telescópio** é um dispositivo utilizado para observar objectos distantes através da sua emissão, absorção ou reflexão de radiação electromagnética.

Originalmente, era um instrumento ótico que utilizava lentes, espelhos curvos ou uma combinação de ambos para observar objectos distantes - um telescópio ótico. Atualmente, a palavra "telescópio" é definida como uma vasta gama de instrumentos capazes de detetar diferentes regiões do espetro eletromagnético e, em alguns casos, outros tipos de detectores. Os primeiros telescópios práticos conhecidos eram telescópios refractores com lentes de vidro e foram inventados nos Países Baixos no início do século XVII. Eram utilizados tanto em aplicações terrestres como em astronomia. O telescópio refletor, que utiliza espelhos para recolher e focar a luz, foi inventado algumas décadas depois do primeiro telescópio refrator.

No século XX, foram inventados muitos novos tipos de telescópios, incluindo radiotelescópios na década de 1930 e telescópios de infravermelhos na década de 1960. O registo mais antigo de um telescópio foi uma patente de 1608 apresentada ao governo dos Países Baixos pelo fabricante de óculos de Middelburg, Hans Lipperhey, para um telescópio refratário. Desconhece-se o seu verdadeiro inventor, mas a notícia espalhou-se pela Europa. Galileu ouviu falar dele e, em 1609, construiu a sua própria versão e fez as suas observações telescópicas de objectos celestes.

A ideia de que a objetiva, ou elemento de captação de luz, poderia ser um espelho em vez de uma lente começou a ser investigada pouco depois da invenção do telescópio refrator. As potenciais vantagens da utilização de espelhos parabólicos - redução da aberração esférica e ausência de aberração cromática - conduziram a muitas propostas de conceção e a várias tentativas de construção de telescópios reflectores. Em 1668, Isaac Newton construiu o primeiro telescópio refletor prático, com um desenho que tem agora o seu nome, o refletor newtoniano.

A invenção da lente acromática em 1733 corrigiu parcialmente as aberrações cromáticas presentes na lente simples e permitiu a construção de telescópios refractores mais curtos e funcionais. Os telescópios reflectores, embora não estivessem limitados pelos problemas de cor observados nos refractores, eram dificultados pela utilização de espelhos metálicos de espéculo que manchavam rapidamente, utilizados durante o século XVIII e início do século XIX - um problema atenuado pela introdução de espelhos de vidro revestidos a prata em 1857 e de espelhos aluminizados em 1932. O limite máximo de tamanho físico para os telescópios refractores é de cerca de 1 metro (39 polegadas), o que dita que a grande maioria dos grandes telescópios de investigação ótica construídos desde o início do século XX são reflectores. Os maiores telescópios reflectores têm atualmente objectivas superiores a 10 metros (33 pés) e estão em curso trabalhos para vários modelos de 30-40 metros.

O século XX assistiu também ao desenvolvimento de telescópios que funcionavam numa vasta gama de comprimentos de onda, desde a rádio até aos raios gama. O primeiro radiotelescópio construído para o efeito entrou em funcionamento em 1937. Desde então, foi desenvolvida uma grande variedade de instrumentos astronómicos complexos.

Uma vez que a atmosfera é opaca para a maior parte do espetro eletromagnético, apenas algumas bandas podem ser observadas a partir da superfície da Terra. Estas bandas são o visível, o infravermelho próximo e uma parte do espetro de ondas de rádio. Por esta razão, não existem telescópios terrestres de raios X ou de infravermelhos distantes, uma vez que estes têm de ser observados a partir de órbita. Mesmo que um comprimento de onda seja observável a partir do solo, pode ser vantajoso colocar um telescópio num satélite devido a questões como as nuvens, a visão astronómica e a poluição luminosa.

As desvantagens do lançamento de um telescópio espacial incluem o custo, a dimensão, a manutenção e a possibilidade de atualização. Alguns exemplos de telescópios espaciais da NASA são o Telescópio Espacial Hubble, que detecta a luz visível, o ultravioleta e os comprimentos de onda do infravermelho próximo, o Telescópio Espacial Spitzer, que detecta a radiação infravermelha, e o Telescópio Espacial Kepler, que descobriu milhares de exoplanetas. O último telescópio lançado foi o Telescópio Espacial James Webb, em 25 de dezembro de 2021, em Kourou, na Guiana Francesa. O telescópio Webb detecta a luz infravermelha.

- Como é que os telescópios funcionam?

A conceção básica de um telescópio ótico requer um elemento principal de recolha de luz chamado objetiva. Os telescópios de refração utilizam uma lente convexa como objetiva, enquanto os telescópios de reflexão utilizam um espelho côncavo. A objetiva foca a luz que entra de objectos distantes num plano focal - é aqui que se forma uma imagem ampliada. Nos telescópios manuais, é utilizada uma ocular para visualizar esta imagem ampliada. Pode também ser ligado um sensor de imagem para criar uma imagem digital nos computadores.

Existem inúmeras vantagens em utilizar a luz reflectida em vez da luz refractada para criar a objetiva de um telescópio. Os espelhos podem ser muito finos, mesmo com apenas alguns átomos de largura nalguns nanomateriais avançados. Os espelhos quase perfeitos são muito mais fáceis de aumentar do que as lentes quase perfeitas, e os utilizadores só precisam de limpar e polir um lado do espelho para obter a melhor superfície possível.

A aberração cromática - causada pelo facto de as lentes deixarem passar a luz a velocidades diferentes consoante a cor ou o comprimento de onda - também é evitada com os telescópios reflectores. Os telescópios reflectores detectam a luz de uma gama mais vasta do espetro de radiação, uma vez que alguns comprimentos de onda são totalmente absorvidos quando atravessam materiais como o vidro.

A maioria dos telescópios reflectores produz imagens invertidas no plano focal. Os espelhos parabólicos viram a imagem que captam de cabeça para baixo e da esquerda para a direita, de modo que a imagem é rodada 180 graus em relação à orientação real do objeto no céu noturno. Normalmente, isto não constitui um problema para os telescópios astronómicos, uma vez que a inversão da imagem para o lado correto é um procedimento simples de realizar em computadores. Nos telescópios de mão - monóculos e binóculos - são instalados prismas ou lentes de relé no interior do dispositivo para corrigir a orientação da imagem.

Para ser tão eficaz quanto possível, a ótica do telescópio - os componentes que interagem com a luz e a manipulam para criar imagens ampliadas - deve ser tão perfeita quanto possível. Devem ser fabricadas sem manchas ou desfigurações e devem ser mantidas a salvo de riscos ou deslocações. Uma pequena variação em relação ao desenho pretendido do telescópio pode resultar em imagens inutilizáveis devido a deformação ou desfocagem.

1.1 Telescópios ópticos

Um telescópio ótico é um telescópio que recolhe e foca a luz principalmente da parte visível do espetro electromagnético, para criar uma imagem ampliada para inspeção visual direta, para fazer uma fotografia ou para recolher dados através de sensores de imagem electrónicos.

Os telescópios ópticos concentram a luz no espetro visível para que os astrónomos possam observar objectos a milhões de anos-luz de distância. Os primeiros telescópios utilizavam pedaços de vidro curvo chamados lentes para focar a luz refractada num ponto. No entanto, atualmente, a maioria dos telescópios utiliza espelhos curvos para concentrar a luz reflectida.

Figura 1.1 Telescópios ópticos

Componentes do telescópio:
Os principais elementos que compõem um telescópio são os seguintes
• Lente primária (para telescópios refractores), que é o componente principal de um dispositivo. Quanto maior for a lente, mais luz o telescópio consegue captar e mais ténues os objectos podem ser vistos.
• Espelho primário (para telescópios reflectores), que desempenha o mesmo papel que a lente primária num telescópio refrator.
• Ocular, que amplia a imagem.
• Fixação, que suporta o tubo, permitindo a sua rotação.

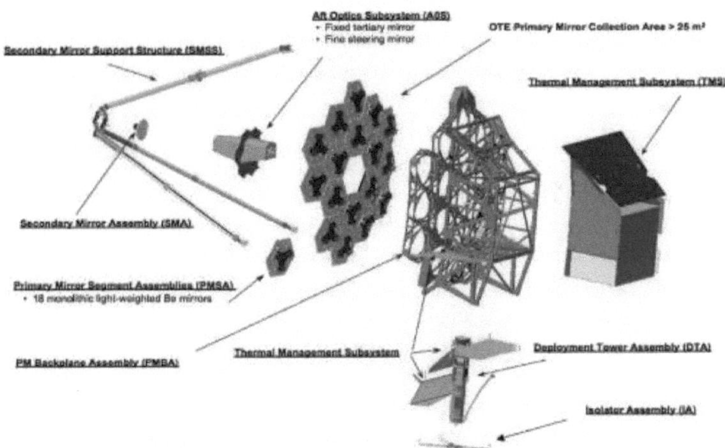

Figura 1.2 Componentes dos telescópios ópticos

O telescópio ótico é constituído por:
• Espelho primário de 6,5 metros de diâmetro constituído por 18 segmentos hexagonais
• Espelho secundário redondo de 0,74 metros (galeria de imagens)
• Espelho Terciário (galeria de imagens) e Espelho de Direção Fina, ambos contidos no Subsistema de Ótica de Popa (galeria de imagens).

*   Estrutura do telescópio (galeria de imagens) (que inclui o conjunto do painel traseiro do espelho primário, a estrutura principal de suporte do painel traseiro (BSF), a estrutura de suporte do espelho secundário e o conjunto de torres amovíveis) A BSF aloja o módulo de instrumentos.
*   Subsistema de gestão térmica
*   Radiador ISIM amovível a ré (ADIR)
*   Deteção e controlo da frente de onda

Existem três tipos principais de telescópios ópticos:

*   Telescópios refractores, que utilizam lentes e, menos frequentemente, também prismas (dioptricos)
*   Os telescópios reflectores, que utilizam espelhos (catóptricos)
*   Os telescópios catadióptricos, que combinam lentes e espelhos

A capacidade de um telescópio ótico para resolver pequenos detalhes está diretamente relacionada com o diâmetro (ou abertura) da sua objetiva (a lente primária ou espelho que recolhe e foca a luz), e o seu poder de recolha de luz está relacionado com a área da objetiva. Quanto maior for a objetiva, mais luz o telescópio recolhe e mais pormenores resolve. Os telescópios ópticos (incluindo monóculos e binóculos) são utilizados para actividades ao ar livre, como a astronomia de observação, a ornitologia, a pilotagem, a caça e o reconhecimento, bem como para actividades em interiores/semi-exteriores, como a observação de espectáculos artísticos e desportos.

*   ***Campo de visão***

O campo de visão é a extensão do mundo observável visto num dado momento, através de um instrumento (por exemplo, telescópio ou binóculos) ou a olho nu. Existem várias expressões de campo de visão, sendo uma especificação de uma ocular ou uma caraterística determinada a partir de uma combinação de ocular e telescópio. Um limite físico deriva da combinação em que o campo de visão não pode ser visualizado para além de um máximo definido, devido à difração da ótica.

*   ***Aparente:***

O campo de visão aparente (vulgarmente designado por AFOV) é o tamanho angular percepcionado do campo de paragem da ocular, normalmente medido em graus. É uma propriedade fixa da conceção ótica da ocular, com as oculares comuns disponíveis no mercado a oferecerem uma gama de campos aparentes de 40° a 120°. O campo de visão aparente de uma ocular é limitado por uma combinação do diâmetro do batente da ocular e da distância focal, e é independente da ampliação utilizada.

Numa ocular com um campo de visão aparente muito amplo, o observador pode ter a perceção de que a vista através do telescópio se estende até à sua visão periférica, dando a sensação de que já não está a olhar através de uma ocular ou de que está mais perto do objeto de interesse do que realmente está. Em contrapartida, uma ocular com um campo de visão aparente estreito pode dar a sensação de estar a olhar através de um túnel ou de uma pequena janela de vigia, com o campo negro da ocular a ocupar a maior parte da visão do observador.

Um campo de visão aparente mais amplo permite que o observador veja mais do objeto de interesse (ou seja, um campo de visão real mais amplo) sem reduzir a ampliação para o fazer. No entanto, a relação entre o campo de visão real, o campo de visão aparente e a ampliação não é direta, devido ao aumento das características de distorção que se correlacionam com campos de visão aparentes mais amplos. Em vez disso, tanto o campo de visão real como o campo de visão aparente são consequências do diâmetro do batente do campo da ocular.

O campo de visão aparente difere do campo de visão real na medida em que o campo de visão real varia com a ampliação, ao passo que o campo de visão aparente não varia. O batente de campo mais largo de uma ocular de grande angular permite ver uma secção mais larga da imagem real formada no plano focal do telescópio, influenciando assim o campo de visão real calculado.

O campo de visão aparente de um óculo pode influenciar o brilho total da vista, tal como é percepcionado pelo olho, uma vez que o tamanho angular aparente do ponto de paragem do campo determinará a quantidade de retina do observador que é iluminada pela pupila de saída formada pelo óculo. No entanto, o campo de visão aparente não tem qualquer impacto sobre o brilho aparente da superfície (ou seja, o brilho por unidade de área) dos objectos contidos no campo de visão.

1.1.1 Características do telescópio ótico

As especificações de conceção estão relacionadas com as características do telescópio e com o seu desempenho ótico. Várias propriedades das especificações podem mudar com o equipamento ou os acessórios utilizados com o telescópio, tais como

- Lentes Barlow
- Diagonais em estrela e
- Oculares

Estes acessórios intermutáveis não alteram as especificações do telescópio. No entanto, alteram a forma como as propriedades do telescópio funcionam, normalmente a ampliação, o campo de visão aparente (FOV) e o campo de visão real.

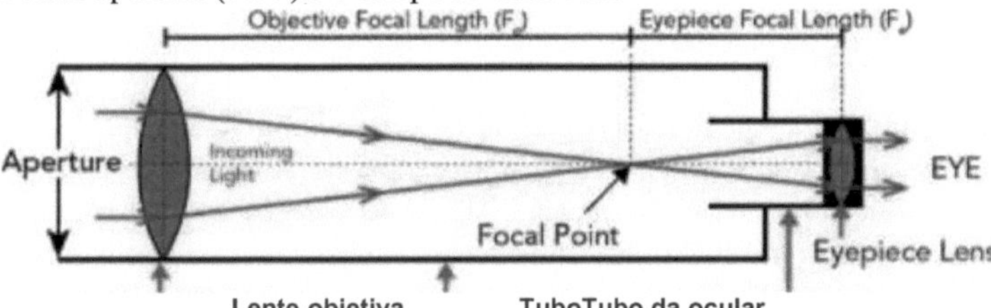

Figura 1.3 Diagrama esquemático de um telescópio ótico

1.1.2 Poder de ampliação

A ampliação através de um telescópio faz com que um objeto pareça maior, limitando o campo de visão. A ampliação é muitas vezes confundida com a potência ótica do telescópio, sendo a sua caraterística o termo mais mal compreendido utilizado para descrever o mundo observável. Com ampliações mais elevadas, a qualidade da imagem reduz-se significativamente, a utilização de uma lente Barlow aumenta a distância focal efectiva de um sistema ótico - multiplicando a redução da qualidade da imagem. A utilização de uma lente Barlow aumenta a distância focal efectiva de um sistema ótico - o que multiplica a redução da qualidade da imagem. A qualidade da imagem depende geralmente da qualidade da ótica (lentes) e das condições de visualização - não da ampliação. A própria ampliação é limitada pelas características ópticas. Com qualquer telescópio ou microscópio, para além de uma ampliação máxima prática, a imagem parece maior mas não mostra mais pormenores. Isto ocorre quando o pormenor mais fino que o instrumento consegue resolver é ampliado para corresponder ao pormenor mais fino que o olho consegue ver. A ampliação para além deste máximo é por vezes designada por *ampliação vazia*. Para obter o máximo de detalhes de um telescópio, é fundamental escolher a ampliação correcta para o objeto a observar. Alguns objectos aparecem melhor com baixa potência, outros com alta potência e muitos com uma ampliação moderada. Existem dois valores para a ampliação, um mínimo e um máximo. Pode ser utilizada uma ocular com um campo de visão mais amplo para manter a mesma distância focal da ocular, proporcionando a mesma ampliação através do telescópio. Para um telescópio de boa qualidade que funcione em boas condições atmosféricas, a ampliação máxima utilizável é limitada pela difração.

1.1.3 Brilho

O brilho da superfície numa tal ampliação reduz-se significativamente, resultando numa aparência muito mais fraca. Uma aparência mais fraca resulta em menos detalhes visuais do objeto. Detalhes como a matéria, os anéis, os braços em espiral e os gases podem ser completamente escondidos do observador, dando uma visão muito menos *completa* do objeto ou do intervalo. A física dita que, na ampliação mínima teórica do telescópio, o brilho da superfície é de 100%. Na prática, no entanto, vários factores impedem que o brilho seja de 100%; estes incluem as limitações do telescópio (distância focal, distância focal da ocular, etc.) e a idade do observador.

A idade desempenha um papel na luminosidade, pois um fator que contribui para isso é a pupila do observador. Com a idade, a pupila diminui naturalmente de diâmetro; geralmente aceite, um adulto jovem pode ter uma pupila com 7 mm de diâmetro, um adulto mais velho com apenas 5 mm e uma pessoa mais jovem com 9 mm. A ampliação mínima m pode ser expressa como a divisão da abertura D e do diâmetro da pupila p, dada por

$$m = \frac{D}{d} = \frac{130}{7} \approx 18.6$$

Um exemplo problemático pode ser aparente, alcançando um brilho de superfície teórico de 100%, uma vez que a distância focal efectiva necessária do sistema ótico pode exigir uma ocular com um diâmetro demasiado grande. Alguns telescópios não conseguem atingir o brilho superficial teórico de 100%, enquanto outros conseguem-no utilizando uma ocular de diâmetro muito pequeno. Para saber qual a ocular necessária para obter ampliação mínima pode-se reorganizar a fórmula da ampliação, onde agora é a divisão da distância focal do telescópio pela ampliação mínima:

$$\frac{F}{m} = \frac{650}{18.6} \approx 35. \qquad \frac{F}{m} = \frac{650}{18.6} \approx 35.$$

Uma ocular de 35 mm é um tamanho não normalizado e não pode ser comprada; neste cenário, para atingir 100%, seria necessária uma ocular de tamanho normalizado de 40 mm. Como a ocular tem uma distância focal maior do que a ampliação mínima, uma grande quantidade de luz desperdiçada não é recebida pelos olhos.

1.1.4 Poder de resolução

O poder de resolução R é derivado do comprimento de onda λ, utilizando a mesma unidade que a abertura, em que 550 nm para mm é dado por

$$R = \frac{\lambda}{10^6} = \frac{550}{10^6} = 0.00055$$

A constante $^{\emptyset}$ é derivada de radianos para a mesma unidade que o diâmetro aparente do objeto;

onde o diâmetro aparente da Lua de $D_a = \frac{313\pi}{10800}$ radianos para arcsecs é dado por:

$$D_a = \frac{313\pi}{10800} \cdot 206265 = 1878$$

Um exemplo usando um telescópio com uma abertura de 130 mm observando a Lua num comprimento de onda de 550 nm, é dado por:

$$F = \frac{\frac{2R}{D} \cdot D_{ob} \cdot \emptyset}{D_a} = \frac{\frac{2 \cdot 0.00055}{130} \cdot 3474.2 \cdot 206265}{1878} \approx 3.22$$

A unidade utilizada no diâmetro do objeto resulta nas características mais pequenas resolúveis nessa unidade. No exemplo acima, são aproximados em quilómetros, resultando em que as crateras lunares mais pequenas resolúveis têm 3,22 km de diâmetro. O Telescópio Espacial Hubble tem uma abertura do espelho primário de 2400 mm, o que permite resolver crateras lunares com 174,9 metros de diâmetro, ou manchas solares com 7365,2 km de diâmetro.

1.1.5 Rácio F/A

A distância focal de um sistema ótico é uma medida da intensidade com que o sistema faz convergir ou divergir a luz. Para um sistema ótico no ar, é a distância ao longo da qual os raios inicialmente colimados são levados a um foco. Um sistema com uma distância focal mais curta tem maior potência ótica do que um sistema com uma distância focal longa, ou seja, faz convergir os raios mais fortemente, levando-os a um foco numa distância mais curta. Em astronomia, o número f é normalmente referido como a *relação focal*, notada como **N**. A relação focal de um telescópio é definida como a distância focal **f** de uma objetiva dividida pelo seu diâmetro **D** ou pelo diâmetro de um batente de abertura no sistema.

A distância focal controla o campo de visão do instrumento e a escala da imagem que é apresentada no plano focal a uma ocular, placa de filme ou CCD. Um exemplo de um telescópio com uma distância focal de 1200 mm e um diâmetro de abertura de 254 mm é dado por:

$$N \tfrac{1}{8} = W^{\%} \; 4 \cdot 7$$

Os rácios focais numericamente grandes são considerados *longos* ou *lentos*. Os números pequenos são *curtos* ou *rápidos*. Não existem linhas precisas para determinar quando utilizar estes termos, e um indivíduo pode considerar os seus próprios padrões de determinação. Entre os telescópios astronómicos contemporâneos, qualquer telescópio com uma relação focal mais lenta (número maior) do que f/12 é geralmente considerado lento, e qualquer telescópio com uma relação focal mais rápida (número menor) do que f/6 é considerado rápido.

Os sistemas mais rápidos têm frequentemente mais aberrações ópticas fora do centro do campo de visão e são geralmente mais exigentes em termos de conceção de oculares do que os sistemas mais lentos. Um sistema rápido é muitas vezes desejado para fins práticos na astrofotografia, com o objetivo de recolher mais fotões num determinado período de tempo do que um sistema mais lento, permitindo que a fotografia temporizada processe o resultado mais rapidamente. Os telescópios de grande campo (como os astrográficos) são utilizados para localizar satélites e asteróides, para investigação de raios cósmicos e para levantamentos astronómicos do céu. É mais difícil reduzir as aberrações ópticas em telescópios com uma relação f baixa do que em telescópios com uma relação f maior.

1.2 Tipos de telescópios reflectores e refractores

Os telescópios ópticos têm sido utilizados na investigação astronómica desde a sua invenção no início do século XVII. Ao longo dos anos, foram construídos muitos tipos de telescópios, dependendo da tecnologia ótica, como a refração e a reflexão, da natureza da luz ou do objeto a fotografar e até do local onde são colocados, como os telescópios espaciais. Alguns são classificados de acordo com a função que desempenham, como os telescópios solares.

1.2.1 Telescópio refletor

Quase todos os grandes telescópios astronómicos de investigação são reflectores. Algumas razões são:

• Numa lente, todo o volume de material tem de estar isento de imperfeições e inomogeneidades, ao passo que num espelho, apenas uma superfície tem de estar perfeitamente polida.

• A luz de cores diferentes viaja através de um meio que não o vácuo a velocidades diferentes. Este facto provoca aberrações cromáticas.

• Os reflectores funcionam com um espetro de luz mais amplo, uma vez que certos comprimentos de onda são absorvidos quando passam através de elementos de vidro como os encontrados num refrator ou catadióptrico.

Existem dificuldades técnicas no fabrico e manipulação de lentes de grande diâmetro. Uma delas é o facto de todos os materiais reais cederem à gravidade. Uma lente só pode ser sustentada pelo seu perímetro. Um espelho, por outro lado, pode ser suportado por todo o lado oposto à sua face reflectora.

A maior parte dos grandes reflectores de investigação funcionam com diferentes planos focais, dependendo do tipo e da dimensão do instrumento utilizado. Estes planos incluem a focagem principal do espelho principal, a focagem cassegrain (luz reflectida por detrás do espelho principal), e até mesmo externa ao telescópio (como a focagem Nasmyth e coudé). Uma nova era no fabrico de telescópios foi inaugurada pelo Telescópio de Espelhos Múltiplos (MMT), com um espelho composto por seis segmentos que sintetizavam um espelho de 4,5 metros de diâmetro. Este foi agora substituído por um espelho único de 6,5 m. O seu exemplo foi seguido pelos telescópios Keck com espelhos segmentados de 10 m. Os maiores telescópios terrestres actuais têm um espelho primário de 6 a 11 metros de diâmetro. Nesta geração de telescópios, o espelho é geralmente muito fino e é mantido numa forma óptima por um conjunto de actuadores (ver ótica ativa). Esta tecnologia tem impulsionado novos projetos de futuros telescópios com diâmetros de 30, 50 e mesmo 100 metros.

Recentemente foram desenvolvidos telescópios de cerca de 2 metros, relativamente baratos e produzidos em massa, que tiveram um impacto significativo na investigação astronómica. Estes permitem a monitorização contínua de muitos alvos astronómicos e o levantamento de grandes áreas do céu. Muitos são telescópios robóticos, controlados por computador através da Internet (ver, *por exemplo,* o Telescópio de Liverpool e o Telescópio Faulkes Norte e Sul), permitindo o acompanhamento automático de eventos astronómicos.

Figura 1.4 Telescópio refletor Harlan J. Smith no Observatório McDonald, Texas

Inicialmente, o detetor utilizado nos telescópios era o olho humano. Mais tarde, a placa fotográfica sensibilizada tomou o seu lugar e o espetrógrafo foi introduzido, permitindo a recolha de informação espetral. Depois da placa fotográfica, foram aperfeiçoadas sucessivas gerações de detectores electrónicos, como o dispositivo de carga acoplada (CCD), cada um com maior sensibilidade e resolução e, frequentemente, com maior cobertura de comprimentos de onda.

Um **telescópio refletor** (também designado por **refletor**) é um telescópio que utiliza um único espelho ou uma combinação de espelhos curvos que reflectem a luz e formam uma imagem. O telescópio refletor foi inventado no século XVII por Isaac Newton como uma alternativa ao telescópio refrator que, na altura, era um modelo que sofria de graves aberrações cromáticas. Embora os telescópios reflectores produzam outros tipos de aberrações ópticas, é uma conceção que permite objectivas de grande diâmetro. Quase todos os grandes telescópios utilizados na investigação astronómica são reflectores. São utilizadas muitas variantes e algumas utilizam elementos ópticos suplementares para melhorar a qualidade da imagem ou para a colocar numa posição mecanicamente vantajosa. Uma vez que os telescópios reflectores utilizam espelhos, a sua conceção é por vezes designada por **telescópio catóptrico**.

Desde o tempo de Newton até ao século XIX, o próprio espelho era feito de metal - geralmente metal speculum. Este tipo incluía os primeiros projectos de Newton e o maior telescópio do século XIX, o Leviathan de Parsonstown, com um espelho metálico de 1,8 m de largura. No século XIX, um novo método que utilizava um bloco de vidro revestido com uma camada muito fina de prata começou a tornar-se mais popular no final do século.

Telescópios comuns que conduziram aos telescópios reflectores de Crossley e Harvard, que ajudaram a estabelecer uma melhor reputação para os telescópios reflectores, uma vez que os modelos de espelhos metálicos eram conhecidos pelas suas desvantagens. Principalmente, os espelhos metálicos apenas reflectiam cerca de $^2/_3$ da luz e o metal ficava manchado. Depois de vários polimentos e manchas, o espelho podia perder a figuração exacta necessária. Os telescópios reflectores tornaram-se extraordinariamente populares para a astronomia e muitos telescópios famosos, como o Telescópio Espacial Hubble, e modelos amadores populares utilizam este modelo. Além disso, o princípio do telescópio de reflexão foi aplicado a outros comprimentos de onda electromagnéticos e, por exemplo, os telescópios de raios X também utilizam o princípio da reflexão para fabricar ópticas formadoras de imagem.

Um espelho primário curvo é o elemento ótico básico do telescópio refletor que cria uma imagem no plano focal. A distância entre o espelho e o plano focal é designada por distância focal. Pode ser colocado aqui um filme ou um sensor digital para registar a imagem, ou pode ser adicionado um espelho secundário para modificar as características ópticas e/ou redirecionar a luz para o filme, sensores digitais ou uma ocular para observação visual. O espelho primário da maior parte dos telescópios modernos é composto por um cilindro de vidro sólido cuja superfície frontal foi rectificada para obter uma forma esférica ou parabólica. Uma fina camada de alumínio é depositada em vácuo sobre o espelho, formando um espelho de primeira superfície altamente refletor. Alguns telescópios utilizam espelhos primários que são fabricados de forma diferente.

O vidro fundido é rodado para tornar a sua superfície paraboloidal e é mantido em rotação enquanto arrefece e solidifica. (Ver Forno rotativo.) A forma de espelho resultante aproxima-se de uma forma paraboloide desejada que requer um mínimo de retificação e polimento para atingir a figura exacta necessária.

- *Como funciona a reflexão*

Quando a luz atinge uma superfície que não pode atravessar, faz ricochete. Se a superfície for lisa, como um espelho, a luz refletir-se-á de forma previsível. Se a superfície for plana, o ângulo com que um feixe de luz se aproxima do espelho será igual ao ângulo com que o feixe é refletido, pelo que i = r no diagrama abaixo. Os espelhos curvos podem curvar a luz e fazer convergir raios de luz paralelos para um foco. Este foco está diretamente no caminho da luz que entra, pelo que existem várias formas de tornar visíveis as imagens do espelho. Uma delas é o chamado refletor newtoniano, em que é utilizado um espelho plano para apontar os raios de luz para uma ocular.

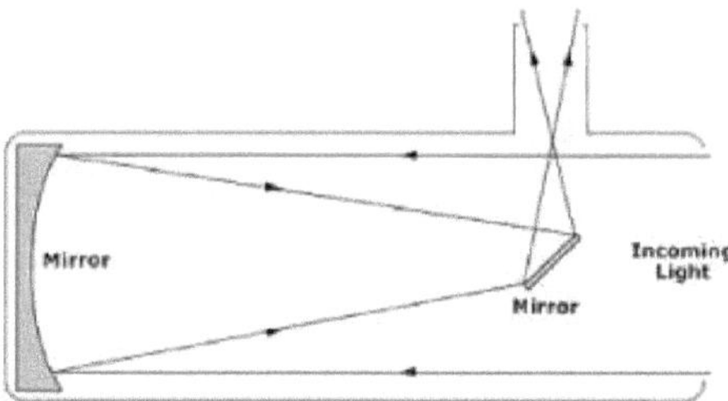

Figura 1.5 Um refletor newtoniano

Existem vários outros tipos de reflectores que resolvem a questão de onde focar a luz de formas diferentes. Os reflectores Cassegrain têm um espelho secundário convexo e um orifício no meio do espelho primário. Os telescópios de focagem direta não têm ótica secundária e o observador ou a câmara observa a imagem a partir da proximidade do ponto focal.

Os telescópios Coudé utilizam um espelho secundário convexo, como um Cassegrain, e um espelho angular, como um **refletor Newtoniano,** para mover os raios de luz para um ponto focal afastado do telescópio. Esta disposição é útil quando se utiliza equipamento ótico demasiado pesado para ser montado diretamente no telescópio.

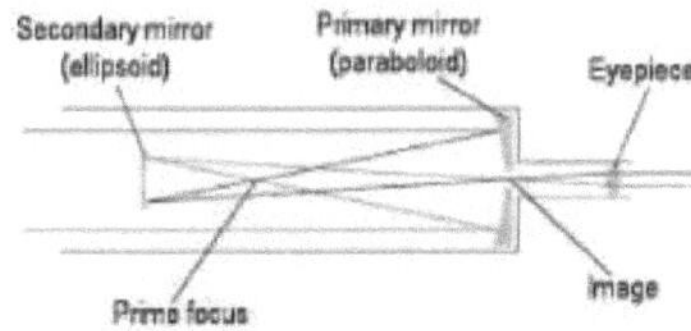

Figura 1.6 Telescópio gregoriano

O **refletor gregoriano**, descrito pelo astrónomo e matemático escocês James Gregory no seu livro *Optica Promota*, de 1663, utiliza um espelho secundário côncavo que reflecte a imagem através de um orifício no espelho primário. Isto produz uma imagem vertical, útil para observações terrestres. Alguns pequenos telescópios ainda são construídos desta forma. Existem

vários grandes telescópios modernos que utilizam uma configuração gregoriana, como o Telescópio de Tecnologia Avançada do Vaticano, os telescópios Magalhães, o Grande Telescópio Binocular e o Telescópio Gigante de Magalhães.

1.2.2 Telescópio refrator

Um telescópio **refratário** (também designado por **refrator**) é um tipo de telescópio ótico que utiliza uma lente como objetiva para formar uma imagem (também designado por **telescópio dióptrico**). A conceção do telescópio refrator foi originalmente utilizada em lentes de espionagem e telescópios astronómicos, mas também é utilizada em lentes de câmaras de focagem longa. Embora os grandes telescópios refractores fossem muito populares na segunda metade do século XIX, para a maioria dos fins de investigação, o telescópio refrator foi substituído pelo telescópio refletor, que permite aberturas maiores. A ampliação de um refrator é calculada dividindo a distância focal da lente objetiva pela distância focal da ocular. Os telescópios refractores têm normalmente uma lente na parte da frente, um tubo longo e uma ocular ou instrumento na parte de trás, onde a vista do telescópio é focada. Originalmente, os telescópios tinham uma objetiva de um elemento, mas um século mais tarde foram fabricadas lentes de dois e mesmo de três elementos. O telescópio refrator é uma tecnologia que tem sido frequentemente aplicada a outros dispositivos ópticos, como os binóculos e as lentes de zoom/lentes teleobjectivas/lentes de focagem longa. Estes telescópios focam a luz e fazem com que os objectos distantes pareçam mais brilhantes, mais claros e ampliados. Este tipo de telescópio é designado por telescópio refrator.

A maioria dos telescópios refractores utiliza duas lentes principais. A lente maior é designada por lente objetiva e a lente mais pequena utilizada para visualização é designada por lente ocular. O passo seguinte mais importante na evolução dos telescópios refractores foi a invenção da **lente acromática**, uma lente com vários elementos que ajudou a resolver problemas de aberração cromática e permitiu distâncias focais mais curtas. Foi inventada em 1733 por um advogado inglês chamado Chester Moore Hall, embora tenha sido inventada e patenteada independentemente por John Dollond por volta de 1758.

A conceção superou a necessidade de distâncias focais muito longas nos telescópios refractores, utilizando uma objetiva feita de duas peças de vidro com dispersão diferente, "crown" e "flint glass", para reduzir a aberração cromática e esférica. Cada lado de cada peça é rectificado e polido e, em seguida, as duas peças são montadas. As lentes acromáticas são corrigidas para focar dois comprimentos de onda (normalmente vermelho e azul) no mesmo plano. **Os refractores apocromáticos** têm objectivas construídas com materiais especiais de dispersão extra-baixa. São concebidos para focar três comprimentos de onda (normalmente vermelho, verde e azul) no mesmo plano. O erro de cor residual (espetro terciário) pode ser uma ordem de grandeza inferior ao de uma lente acromática.

Figura 1.7 Um telescópio refrator de 200 mm de diâmetro no Observatório Poζηαή

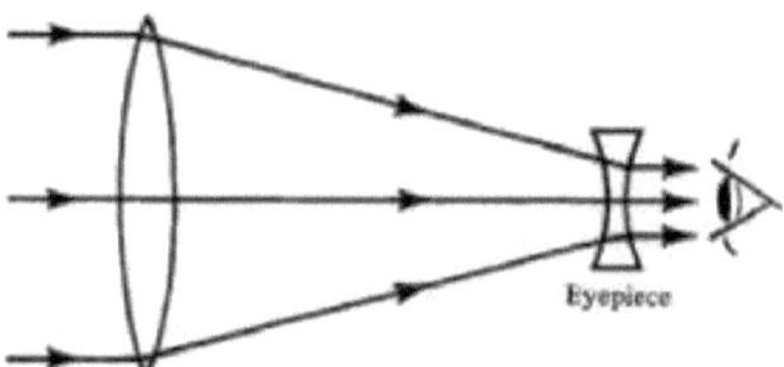

Figura 1.8 Diagrama esquemático do Telescópio Refrator

Estes telescópios contêm elementos de fluorite ou vidro especial de dispersão extra-baixa (ED) na objetiva e produzem uma imagem muito nítida, praticamente isenta de aberrações cromáticas. Devido aos materiais especiais necessários para o seu fabrico, os refractores apocromáticos são normalmente mais caros do que os telescópios de outros tipos com uma abertura comparável.

- Aplicações

Os telescópios refractores eram conhecidos pela sua utilização em astronomia, bem como para observação terrestre. Muitas das primeiras descobertas do Sistema Solar foram feitas com refractores simples. A utilização de ópticas telescópicas refractárias é omnipresente na fotografia e é também utilizada na órbita terrestre. Uma das aplicações mais famosas do telescópio refrator foi quando Galileu o utilizou para descobrir as quatro maiores luas de Júpiter em 1609. Além disso, os primeiros refractores foram também utilizados várias décadas mais tarde para descobrir Titã, a maior lua de Saturno, juntamente com mais três luas de Saturno.

1.3 Detectores e processamento de imagens

1.3.1 Detectores

Os detectores em Astronomia têm uma história muito longa e complicada. Durante a última parte de 19th e os primeiros dois terços de 20th , o QE efetivo das chapas fotográficas melhorou por um fator da ordem de 100 (culminando no Kodak Illa-J, a ■ 0,5%). Não são lineares, não são uniformes e não podem ser calibradas após o facto.

Após a Segunda Guerra Mundial, os fotomultiplicadores desenvolvidos durante a guerra, o 931A, o 1P21 e, mais tarde, o RCA7102 sensível ao vermelho, passaram a ser utilizados em astronomia. Eram dispositivos de canal único, adequados para fotometria de abertura e, mais uma vez em mãos capazes, para espetrofotometria. Tinham eficiências quânticas próximas dos 20 por cento no azul e de alguns por cento no vermelho. Na década de 1960, os primeiros tubos de imagem fotoeléctricos ficaram disponíveis, tanto em resultado da investigação militar como da investigação patrocinada pela astronomia, em particular através da instituição Carnegie de Washington. Isto levou a dispositivos de focagem magnética com bons fotocátodos e uma resolução de 20 mícrones. Tratava-se de amplificadores de luz e o suporte de registo era novamente constituído por placas fotográficas.

Nos anos 60 e início dos anos 70, foram desenvolvidos detectores electrónicos sob a forma de tubos de câmara vidicon de baixo nível de luminosidade, todos empregando a multiplicação de cargas de electrões energéticos (tipicamente alguns keV) que bombardeiam uma espécie de alvo "pegajoso" (SEC ,SIT). Foram também implementados vários esquemas para a contagem de fotões 1 e 2-d utilizando multiplicadores de electrões de ganho muito elevado; alguns destes esquemas ainda hoje são utilizados no UV (GALEX).

Os primeiros CCD utilizados em astronomia surgiram em meados da década de 1970; foram utilizados dispositivos da RCA, da Fairchild e da TI, mas os melhores dispositivos foram, de longe, os da TI, desenvolvidos com o apoio da NASA para a Voyager e, mais tarde, para a missão que se tornou o Hubble. Estes CCDs foram desenvolvidos para aplicações científicas de baixo nível de luminosidade e foram os primeiros dispositivos CCD de alta sensibilidade, baixo ruído e desempenho muito elevado disponíveis. As matrizes tinham 500*500 píxeis e, mais tarde, 800*800 píxeis, com um quadrado de 15 microns. Eram finas (ver mais adiante) e iluminadas por trás, com um QE de cerca de 60%.

1.3.2 Processamento de imagens

1. Escala da imagem:

Quando se utiliza um CCD para registar observações, o CCD é colocado no plano focal. A escala da imagem (por vezes designada por *escala de placa*) é a forma como a dimensão angular do objeto observado está relacionada com a dimensão física da imagem projectada no plano focal.

$$i = \frac{\alpha}{s}\frac{\alpha}{s},$$

em que i é a escala da imagem, .^. é a dimensão angular do objeto observado e s é a dimensão física da imagem projectada. Em termos de distância focal, a escala da imagem é

$$i = \frac{1}{f},$$

em que i é medido em radianos por metro (rad/m) e f é medido em metros.

Normalmente, i é dado em unidades de segundos de arco por milímetro ("/mm). Assim, se a distância focal for
medida em milímetros, a escala da imagem é

$$i(''/mm) = \frac{1}{f(mm)} \left[\frac{180*3600}{\pi} \right],$$

A derivação desta equação é bastante simples e o resultado é o mesmo para telescópios reflectores ou refractores.

No entanto, em termos conceptuais, é mais fácil derivar considerando um telescópio refletor.

Se um objeto extenso com tamanho angular for observado através de um telescópio, então, devido às leis da reflexão e da trigonometria, o tamanho da imagem projectada no plano focal será

$$s = \tan(\alpha)f$$

A escala da imagem (tamanho angular do objeto dividido pelo tamanho da imagem projectada) será .

$$i = \frac{\alpha}{s} = \frac{\alpha}{\tan(\alpha)f} \, ,$$

e utilizando a relação de pequenos ângulos $\tan(a) \approx a$, quando a<<1 (N.B. só é válida se $\cdot\cdot$ estiver em radianos), obtemos

$$i = \frac{\alpha}{\alpha f} = \frac{1}{f}$$

2. Imagens imperfeitas:

Nenhum telescópio pode formar uma imagem perfeita. Mesmo que um telescópio refletor pudesse ter um espelho perfeito, ou um telescópio refrator pudesse ter uma lente perfeita, os efeitos da difração da abertura são inevitáveis. Na realidade, não existem espelhos e lentes perfeitos, pelo que é necessário ter em conta as aberrações da imagem para além da difração da abertura.

As aberrações da imagem podem ser divididas em duas classes principais: monocromáticas e policromáticas. Em 1857, Philipp Ludwig von Seidel (1821-1896) decompôs as aberrações monocromáticas de primeira ordem em cinco aberrações constituintes. Atualmente, são habitualmente referidas como as cinco aberrações de Seidel.

3. As cinco aberrações de Seidel:

Aberração esférica:

A diferença de distância focal entre os raios paraxiais e os raios marginais é proporcional ao quadrado do diâmetro da objetiva.

Coma:

Defeito pelo qual os pontos aparecem como manchas de luz assimétricas, semelhantes a cometas, com caudas que tornam a medição muito imprecisa. A sua magnitude é normalmente deduzida a partir do teorema do seno ótico.

Astigmatismo:

A imagem de um ponto forma linhas focais nos focos sagital e tangencial e, no meio (na ausência de coma), uma forma elíptica.

Curvatura do campo de Petzval:

A curvatura do campo de Petzval significa que a imagem, em vez de se situar num plano, se situa de facto numa superfície curva, descrita como oca ou redonda. Este facto causa problemas quando se utiliza um dispositivo de imagem plano, por exemplo, uma chapa fotográfica ou um sensor de imagem CCD.

Distorção:

Barril ou almofada de alfinetes, uma distorção radial que deve ser corrigida quando se combinam várias imagens (semelhante a juntar várias fotografias numa fotografia panorâmica). Os defeitos ópticos são sempre listados na ordem acima, uma vez que isso expressa a sua interdependência como aberrações de primeira ordem através de movimentos das pupilas de saída/entrada. A primeira aberração de Seidel, a aberração esférica, é independente da posição da pupila de saída (uma vez que é a mesma para lápis axiais e extra-axiais). A segunda, a coma, varia em função da distância da pupila e da aberração esférica, daí o resultado bem conhecido de que é impossível corrigir a coma numa lente sem aberração esférica movendo simplesmente a pupila. Dependências semelhantes afectam as restantes aberrações da lista.

3. Imagens invertidas:

A maioria dos modelos de telescópios produz uma imagem invertida no plano focal; estes são designados por *telescópios inversores*. De facto, a imagem é virada de cabeça para baixo e invertida da esquerda para a direita, de modo que, no total, é rodada 180 graus em relação à orientação do objeto. Nos telescópios astronómicos, a rotação da imagem não é normalmente corrigida, uma vez que não afeta a forma como o telescópio é utilizado. No entanto, é frequentemente utilizado um espelho diagonal para colocar a ocular num local de visualização mais conveniente e, nesse caso, a imagem é erecta, mas continua invertida da esquerda para a direita. Nos telescópios terrestres, tais como os telescópios de observação, os monóculos e os binóculos, são utilizados prismas (por exemplo, prismas de Porro) ou uma lente de relé entre a objetiva e a ocular para corrigir a orientação da imagem. Existem modelos de telescópios que não apresentam uma imagem invertida, como o refrator Galileu e o refletor Gregoriano. Estes são designados por *telescópios erectores*.

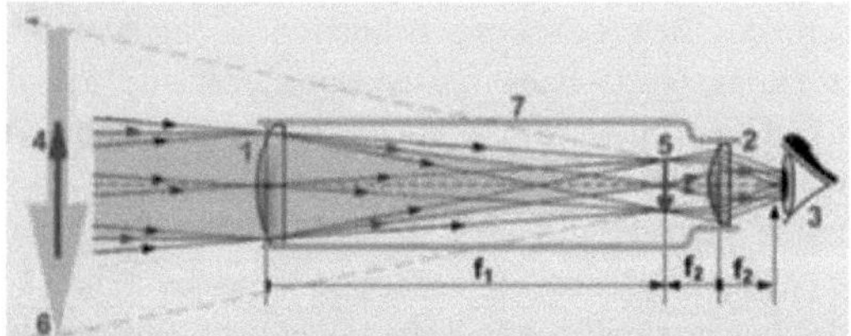

Figura 1.9 Diagrama esquemático de um telescópio refratário Kepleriano

A seta em (4) é uma representação (nocional) da imagem original; a seta em (5) é a imagem invertida no plano focal; a seta em (6) é a imagem virtual que se forma na esfera visual do observador. Os raios vermelhos produzem o ponto médio da seta; dois outros conjuntos de raios (todos pretos) produzem a cabeça e a cauda.

1.4 Radiotelescópio

O radiotelescópio é um instrumento astronómico constituído por um recetor de rádio e um sistema de antenas que é utilizado para detetar radiação de radiofrequência entre comprimentos de onda de cerca de 10 metros (30 megahertz [MHz]) e 1 mm (300 gigahertz [GHz]) emitida por fontes extraterrestres, como estrelas, galáxias e quasares. (*Ver* astronomia de rádio e radar).

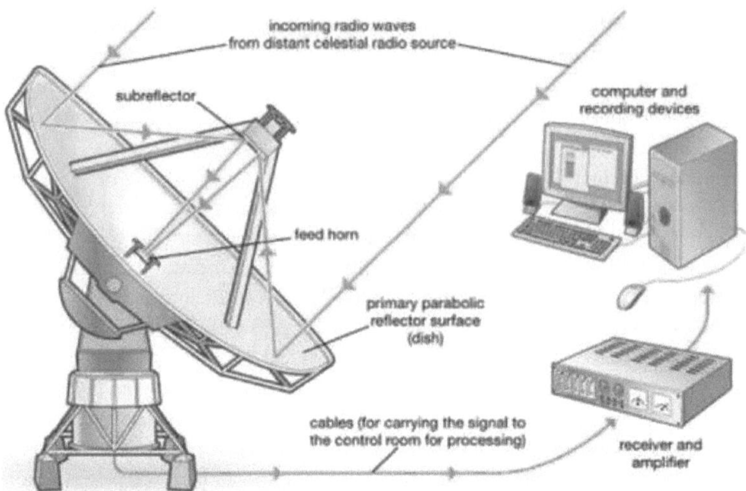

Figura 1.10 Radiotelescópio

A emissão radioeléctrica extraterrestre foi relatada pela primeira vez em 1933 por Karl Jansky, um engenheiro dos Bell Telephone Laboratories, enquanto procurava a causa da interferência de ondas curtas. Jansky tinha montado uma antena de rádio direcional num prato giratório, de modo a poder apontá-la para diferentes partes do céu para determinar a direção dos sinais de interferência. Ele não só

detectou interferências de trovoadas distantes, mas também localizou uma fonte de "ruído" de rádio proveniente do centro da galáxia Via Láctea. Esta primeira deteção de ondas de rádio cósmicas foi alvo de grande atenção por parte do público, mas apenas de uma atenção passageira por parte da comunidade astronómica. Grote Reber, um engenheiro de rádio e operador de rádio amador, construiu um refletor parabólico de 9,5 metros no seu quintal em Wheaton, Illinois, EUA, para continuar a investigação de Jansky sobre o ruído de rádio cósmico.

Em 1944, publicou o primeiro mapa do céu via rádio. Após o fim da Segunda Guerra Mundial, a tecnologia que tinha sido desenvolvida para o radar militar foi aplicada à investigação astronómica. Foram construídos radiotelescópios de dimensão e sofisticação crescentes, primeiro na Austrália e na Grã-Bretanha e mais tarde nos Estados Unidos e noutros países.

1.4.1 Tipos de radiotelescópio

A gama de frequências do espetro eletromagnético que constitui o espetro de rádio é muito vasta. Como consequência, os tipos de antenas utilizadas como radiotelescópios variam muito em termos de design, tamanho e configuração. Em comprimentos de onda de 30 metros a 3 metros (10-100 MHz), são geralmente conjuntos de antenas direccionais semelhantes a "antenas de TV" ou grandes reflectores fixos com pontos focais móveis. Uma vez que os comprimentos de onda observados com estes tipos de antenas são tão longos, as superfícies "reflectoras" podem ser construídas a partir de uma rede de arame grosso, como a rede de galinheiro.

Em comprimentos de onda mais curtos, predominam as antenas parabólicas. A resolução angular de uma antena parabólica é determinada pela relação entre o diâmetro da antena e o comprimento de onda das ondas de rádio que estão a ser observadas. Este facto determina o tamanho do prato de que um radiotelescópio necessita para obter uma resolução útil. Os radiotelescópios que operam em comprimentos de onda de 3 metros a 30 cm (100 MHz a 1 GHz) têm geralmente mais de 100 metros de diâmetro. Os radiotelescópios que trabalham com comprimentos de onda inferiores a 30 cm (acima de 1 GHz) têm dimensões que variam entre 3 e 90 metros de diâmetro.

Algumas das bandas de frequência mais notáveis utilizadas pelos radiotelescópios incluem:

- Todas as frequências da Zona Silenciosa de Rádio Nacional dos Estados Unidos
- Canal 37: 608 a 614 MHz
- A "linha de hidrogénio", também conhecida como a "linha de 21 centímetros": 1,420.40575177 MHz, utilizada por muitos radiotelescópios, incluindo o Big Ear na sua descoberta do sinal Wow!
- 1,406 MHz e 430 MHz
- O charco: 1,420 a 1,666 MHz
- O Observatório de Arecibo tinha vários receptores que, em conjunto, cobriam toda a gama de 110 GHz.
- A sonda Wilkinson Microwave Anisotropy Probe mapeou a radiação cósmica de fundo em micro-ondas em 5 bandas de frequência diferentes, centradas em 23 GHz, 33 GHz, 41 GHz, 61 GHz e 94 GHz.

1.5 Telescópio espacial Hubble

Telescópio Espacial Hubble (HST), o primeiro observatório ótico sofisticado colocado em órbita à volta da Terra. A atmosfera terrestre obscurece a visão dos astrónomos terrestres sobre os objectos celestes, absorvendo ou distorcendo os raios de luz que deles emanam. No entanto, um telescópio estacionado no espaço exterior está totalmente acima da atmosfera e recebe imagens com muito mais brilho, nitidez e pormenor do que os telescópios terrestres com ópticas comparáveis.

1.5.1 Telescópio espacial Hubble

Corte do Telescópio Espacial Hubble da NASA, revelando o Conjunto do Telescópio Ótico, o coração da nave espacial, construído pela Hughes Danbury Optical Systems, Inc. Depois de o Congresso dos EUA ter autorizado a sua construção em 1977, o Telescópio Espacial Hubble (HST) foi construído sob a supervisão da Administração Nacional da Aeronáutica e do Espaço (NASA) dos Estados Unidos e recebeu o nome de Edwin Hubble, o principal astrónomo americano do século XX.

Figura 1.11 Telescópio espacial Hubble

O HST foi colocado em órbita a cerca de 600 km (370 milhas) acima da Terra pela tripulação

do vaivém espacial *Discovery* em 25 de abril de   1990.

cuja ótica espelhada recolhe a luz dos objectos celestes e direcciona-a para duas câmaras e dois espectrógrafos (que separam a radiação num espetro e registam o espetro). O HST tem um espelho primário de 2,4 metros (94 polegadas), um espelho secundário mais pequeno e vários instrumentos de registo que podem detetar luz visível, ultravioleta e infravermelha.

O mais importante destes instrumentos, a câmara planetária de campo largo, pode obter imagens de campo largo ou de alta resolução dos planetas e de objectos galácticos e extragalácticos. Esta câmara foi concebida para obter resoluções de imagem 10 vezes superiores às do maior telescópio terrestre. Uma câmara para objectos fracos pode detetar um objeto 50 vezes mais fraco do que qualquer objeto observável por um telescópio terrestre; um espetrógrafo para objectos fracos recolhe dados sobre a composição química do objeto.

Um espetrógrafo de alta resolução recebe a luz ultravioleta de objectos distantes que não chega à Terra devido à absorção atmosférica. Cerca de um mês após o lançamento, tornou-se evidente que o grande espelho primário do HST tinha sido rectificado com a forma errada devido a procedimentos de teste incorrectos por parte do fabricante do espelho. O defeito ótico resultante, a aberração esférica, fez com que o espelho produzisse imagens difusas em vez de nítidas. O HST também teve problemas com os seus giroscópios e com os seus sistemas de energia solar. De 2 a 13 de dezembro de 1993, uma missão do vaivém espacial *Endeavour* da NASA procurou corrigir o sistema ótico do telescópio e outros problemas.

Em cinco passeios espaciais, os astronautas do vaivém substituíram a   câmara   planetária de   campo aberto do   HST

e instalou um novo dispositivo   com 10   espelhos   pequenos   para corrigir   as trajectórias   da   luz   do

espelho primário para os outros três instrumentos científicos. A missão revelou-se um sucesso absoluto, e oHST   começou rapidamente a funcionar com todo o seu   potencial   ,   devolvendo

fotografias espectaculares de vários fenómenos cósmicos.

Figura 1.12 Imagem do HST

As descobertas do HST revolucionaram a astronomia. As observações de variáveis Cefeidas em galáxias próximas permitiram a primeira determinação exacta da constante de Hubble, que é a taxa de expansão do Universo. O HST fotografou estrelas jovens com discos que acabarão por se tornar sistemas planetários. O Hubble Deep Field, uma fotografia de cerca de 1.500 galáxias, revelou a evolução galáctica ao longo de quase toda a história do Universo. Dentro de

o sistema solar, a HST foi também utilizada para descobrir Hydra e Nix, duas luas do planeta anão Plutão.

O Hubble acomoda cinco instrumentos científicos num determinado momento, mais os sensores de orientação fina, que são utilizados principalmente para apontar o telescópio, mas que são ocasionalmente utilizados para medições científicas de astrometria. Os primeiros instrumentos foram substituídos por outros mais avançados durante as missões de manutenção do Vaivém. O COSTAR era um dispositivo de correção ótica e não um instrumento científico, mas ocupava um dos quatro compartimentos axiais de instrumentos.

Desde a última missão de manutenção em 2009, os quatro instrumentos activos têm sido o ACS, o COS, o STIS e o WFC3. O NICMOS é mantido em hibernação, mas pode ser reativado se o WFC3 falhar no futuro. Também o Hubble tem ajudado os cientistas a conhecer o nosso sistema solar. O telescópio observa cometas e planetas. O Hubble descobriu mesmo luas à volta de Plutão que não tinham sido vistas antes. O telescópio ajudou os cientistas a compreender como se formam os planetas e as galáxias.

CAPÍTULO 2

Sistema solar

2 Lei de Bode das distâncias planetárias

A lei de Titius-Bode (por vezes designada simplesmente por lei de Bode) é uma fórmula de previsão do espaçamento entre planetas num determinado sistema solar. A fórmula sugere que, estendendo-se para fora, cada planeta deve estar aproximadamente duas vezes mais longe do Sol do que o anterior. A hipótese previu corretamente as órbitas de Ceres (na cintura de asteróides) e de Úrano, mas falhou na previsão da órbita de Neptuno. O seu nome foi dado em homenagem a Johann Daniel Titius e Johann Elert Bode.

A lei relaciona o semi-eixo maior a_n de cada planeta para fora do Sol em unidades tais que o semi-eixo maior da Terra é igual a 10: a=4+x

onde x=0, 3, 6, 12, 24, 48, 96, 192, 384... de tal forma que, com exceção do primeiro passo, cada valor é o dobro do valor anterior. Existe uma outra representação da fórmula: $a=4+3*2^n$ onde n= -∞, 0, 1, 2, 3, ... Os valores resultantes podem ser divididos por 10 para os converter em unidades astronómicas (AU), resultando na expressão: $a=0,4+0,3*2^n$

Para os planetas mais afastados, para além de Saturno, prevê-se que cada planeta esteja a cerca de duas vezes a distância do Sol que o objeto anterior. Enquanto a lei de Titius-Bode prevê Saturno, Úrano, Neptuno e Plutão a cerca de 10, 20, 39 e 77 AU, os valores reais estão mais próximos de 10, 19, 30 e 40 AU.

2.1 Origem e história

A primeira menção de uma série que aproxima a lei de Bode encontra-se num livro de D. Gregory (1715):

"... supondo que a distância da Terra ao Sol seja dividida em dez partes iguais, a distância de Mercúrio será de cerca de quatro, a de Vénus de sete, a de Marte de quinze, a de Júpiter de cinquenta e dois e a de Saturno de noventa e cinco."

Uma frase semelhante, provavelmente parafraseada de Gregory (1715), aparece numa obra publicada em 1724. Em 1764, C. Bonnet escreveu: "Conhecemos dezassete planetas [isto é, os planetas principais e os seus satélites] que entram na composição do nosso sistema solar; mas não temos a certeza de que não existam mais." Na sua tradução de 1766 da obra de Bonnet, J.D. Titius acrescentou dois dos seus próprios parágrafos à afirmação acima. As inserções foram colocadas no final das páginas.

Figura 2.1 Tampa do compartimento do motor

O novo parágrafo não consta do texto original de Bonnet em francês, nem das traduções da obra para italiano e inglês. O texto inserido por Titius é composto por duas partes. A primeira parte explica a sucessão das distâncias dos planetas ao Sol:

Repara nas distâncias dos planetas entre si e reconhece que quase todos estão separados uns dos outros numa proporção que corresponde às suas magnitudes corporais. Dividi a distância do Sol a Saturno em 100 partes; então Mercúrio está separado do Sol por quatro dessas partes, Vénus por 4+3=7 dessas partes, a Terra por 4+6=10, Marte por 4+12=16. Mas note-se que de Marte a Júpiter há um desvio desta progressão tão exacta. De Marte segue-se um espaço de 4+24=28 partes, mas até agora nenhum planeta foi aí avistado. Mas será que o Senhor Arquiteto deveria ter deixado esse espaço vazio? De modo algum. Vamos então assumir que este espaço pertence sem dúvida aos satélites de Marte ainda não descobertos, vamos também acrescentar que talvez Júpiter ainda tenha à sua volta alguns satélites mais pequenos que ainda não foram avistados por nenhum telescópio. Ao lado deste espaço ainda inexplorado para nós, ergue-se a esfera de influência de Júpiter em 4+48=52 partes; e a de Saturno em 4+96=100 partes.

Em 1772, J.E. Bode, então com vinte e cinco anos, publicou um compêndio astronómico, no qual incluiu a seguinte nota de rodapé, citando Titius (em edições posteriores):

Este último ponto parece resultar, em particular, da relação surpreendente que os seis planetas conhecidos observam nas suas distâncias ao Sol. Se a distância do Sol a Saturno for considerada como 100, então Mercúrio está separado do Sol por 4 partes iguais. Vénus está a 4+3=7. A Terra 4+6=10. Marte 4+12=16. Agora surge uma lacuna nesta progressão tão ordenada. Depois de Marte segue-se um espaço de 4+24=28 partes, no qual ainda não foi visto nenhum planeta. Poder-se-á acreditar que o Fundador do Universo tenha deixado este espaço vazio? Certamente que não. Daqui chegamos à distância de Júpiter por 4+48=52 partes, e finalmente à de Saturno por 4+96=100 partes. Estas duas afirmações, pela sua expressão peculiar, e pelos raios utilizados para as órbitas, parecem provir de um algoritmo antigo de um *cossista*.

Figura 2.2 J.E. Bode

Foram encontrados muitos precedentes anteriores ao século XVII. Titius foi discípulo do filósofo alemão C.F. von Wolf (1679-1754), e a segunda parte do texto que Titius inseriu na obra de Bonnet encontra-se num livro de von Wolf (1723), o que sugere que Titius aprendeu a relação com ele. A literatura do século XX sobre a lei Titius-Bode atribui a autoria a von Wolf. Uma versão anterior foi escrita por D. Gregory (1702), na qual a sucessão das distâncias planetárias 4, 7, 10, 16,   52 e 100 se tornou numa relação geométrica progressão com razão 2. Esta é a fórmula newtoniana mais próxima, que foi também citada por Benjamin Martin (1747) e Tomàs Cerdà (c.   1760) anos antes da fórmula alargada de Titius

tradução do livro de Bonnet para alemão (1766).

Ao longo dos dois séculos seguintes, autores posteriores continuaram a apresentar as suas próprias versões modificadas, aparentemente desconhecendo trabalhos anteriores. Titius e Bode esperavam que a lei levasse à descoberta de novos planetas e, de facto, a descoberta de Úrano e Ceres - cujas distâncias se enquadram bem na lei - contribuiu para a fama da lei. No entanto, a distância de Neptuno era muito discrepante e, de facto, Plutão - que já não é considerado um planeta - encontra-se a uma distância média que corresponde aproximadamente à que a lei de Titius-Bode previa para o planeta seguinte a Urano.

Quando foi publicada originalmente, a lei era aproximadamente satisfeita por todos os planetas então conhecidos - isto é, de Mercúrio a Saturno - com um intervalo entre o quarto e o quinto planetas. Vikarius (Johann Friedrich) Wurm (1787) propôs uma versão modificada da lei de Titius-Bode que tinha em conta os então conhecidos satélites de Júpiter e Saturno e previa melhor a distância de Mercúrio. A lei de Titius-Bode foi considerada interessante, mas sem grande importância.

importância até à descoberta de Úrano em 1781, que por acaso se enquadra quase exatamente na série. Com base nesta descoberta, Bode incitou os seus contemporâneos a procurar um quinto planeta. Ceres, o maior objeto da cintura de asteróides, foi encontrado na posição prevista por Bode em 1801.

A lei de Bode foi amplamente aceite nessa altura, até que em 1846 foi descoberto Neptuno num local que não está em conformidade com a lei. Simultaneamente, devido ao grande número de asteróides descobertos na cintura, Ceres deixou de ser um planeta importante. Em 1898, o astrónomo e lógico C.S. Peirce usou a lei de Bode como um exemplo de raciocínio falacioso. A descoberta de Plutão em 1930 veio confundir ainda mais a questão: Embora não estivesse nem perto da sua posição prevista de acordo com a lei de Bode, estava muito perto da posição que a lei tinha designado para Neptuno. A descoberta subsequente da cintura de Kuiper - e em particular do objeto Eris, que é mais maciço do que Plutão, mas não se enquadra na lei de Bode - desacreditou ainda mais a fórmula. A lei de Titius-Bode prevê que os planetas estarão presentes a distâncias específicas em unidades astronómicas, que podem ser comparadas com os dados observados para os planetas e dois planetas anões no sistema solar, como mostra a Tabela 2.1.

Tabela 2.1 Distância da regra T-B (AU) para o respetivo planeta

m	K	Distância da regra T-B (AU)	Planeta	Eixo semimaior (AU)	Desvio da previsão[1]
	0	0.4	**Mercúrio**	0.39	-3.23%
0	1	0.7	**Vénus**	0.72	+3.33%
1	2	1.0	**Terra**	1.00	0.00%
2	4	1.6	**Marte**	1.52	-4.77%
3	8	2.8	**Ceres**[2]	2.77	-1.16%
4	16	5.2	**Júpiter**	5.20	+0.05%
5	32	10.0	**Saturno**	9.58	-4.42%
6	64	19.6	**Urano**	19.22	-1.95%
-	-	-	**Neptuno**	30.07	-

| 7 | 128 | 38.8 | **Plutão**[2] | 39.48 | +1.02% |

Para k grande, cada distância da regra de Titius-Bode é aproximadamente o dobro do valor anterior. Assim, um planeta arbitrário pode ser encontrado entre -25% e +50% de uma das posições previstas. Para k pequeno, as distâncias previstas não duplicam totalmente, pelo que o intervalo de desvio potencial é menor. Note-se que o semi-eixo maior é proporcional à potência 2/3 do do período orbital. Por exemplo, os planetas numa ressonância orbital 2:3 (como os plutinos em relação a Neptuno) irão variar em distância por $(2/3)^{2/3}$ = -23,69% e +31,04% em relação um ao outro. Ceres e Plutão são planetas anões e não planetas maiores.

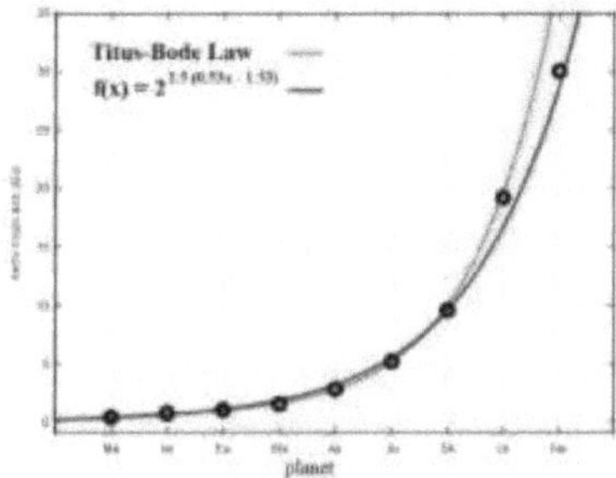

Figura 2.3 Gráfico dos oito planetas, Plutão e Ceres versus as primeiras dez distâncias previstas

2.2 Meteoros

Um meteoro é uma faixa de luz no céu causada pela queda de um meteoroide na atmosfera da Terra. Os meteoróides são pedaços de rocha ou ferro que orbitam o Sol. A maioria dos meteoróides são pequenos fragmentos de rocha criados por colisões de asteróides. Quando um meteoroide entra na atmosfera superior da Terra, aquece devido à fricção do ar. O calor faz com que os gases à volta do meteoroide brilhem intensamente, dando origem a um meteoro. Os meteoros são muitas vezes designados por estrelas cadentes ou estrelas em queda, devido à cauda brilhante de luz que criam quando atravessam o céu. A maioria dos meteoros ocorre na mesosfera terrestre, a cerca de 50-80 quilómetros (31-50 milhas) acima da superfície da Terra.

Figura 2.4 Superfície da Terra por meteoros

Mesmo os meteoros mais pequenos são visíveis a muitos quilómetros de distância devido à rapidez com que viajam e ao brilho que têm. Os meteoros mais rápidos viajam a uma velocidade de 71 quilómetros (44
quilómetros) por segundo. Quanto mais rápido e maior for o meteoro, mais brilhante e mais longo será o seu brilho. Os meteoros mais pequenos brilham apenas durante cerca de um

segundo, enquanto os meteoros maiores e mais rápidos podem ser visíveis durante vários minutos. Embora milhares de meteoros caiam durante o dia, os meteoros são melhor observados à noite, quando as riscas de luz são visíveis no céu escuro. Os meteoros aparecem em cores diferentes, dependendo da composição química da rocha espacial e do ar que atravessa. Um meteoro com um elevado teor de ferro, por exemplo, terá uma cor amarela. Um meteoro com elevado teor de cálcio pode aparecer como uma faixa de luz púrpura.

2.2.1 Tipos de meteoros

Os Earthgrazers são meteoros que se projectam perto do horizonte e são conhecidos pelas suas longas e coloridas caudas. Alguns meteoritos fazem ricochete na atmosfera superior da Terra e reentram no espaço exterior. O mais famoso é provavelmente o "Great Daylight Fireball de 1972", que entrou na atmosfera sobre o estado americano do Utah, atravessando o céu a 15 quilómetros por segundo. Milhares de pessoas relataram ter visto o meteoro. O earthgrazer saiu da atmosfera sobre a província canadiana de Alberta.

As bolas de fogo são meteoros maiores, com tamanhos que variam entre uma bola de basquetebol e um carro pequeno. As bolas de fogo têm uma luz mais brilhante e mais duradoura do que os meteoros terrestres. A União Astronómica Internacional descreve uma bola de fogo como um "meteoro mais brilhante do que qualquer um dos planetas".

As bolas de fogo são provavelmente o tipo mais comum de meteoro. Membros de organizações como a Sociedade Americana de Meteoros relatam centenas de avistamentos todos os anos. Em julho de 2014, por exemplo, foram registadas mais de 1.500 bolas de fogo nos Estados Unidos. Algumas foram vistas apenas numa pequena área, enquanto outras foram relatadas por observadores de estrelas em vários estados.

Os bólides são ainda mais brilhantes e maciços do que as bolas de fogo e explodem frequentemente na atmosfera. Estas explosões podem ser ouvidas e mesmo sentidas à superfície da Terra.

Normalmente, apenas alguns meteoros são visíveis ao longo de uma hora, mas alguns astrónomos classificam os bólides como bolas de fogo que produzem um estrondo sónico quando atravessam a atmosfera.

Certos bólides, conhecidos como superbólidos, são tão brilhantes e criam uma explosão tão grande que se tornam perigos naturais e perigosos para as pessoas e as comunidades. O meteoro superbólido que passou sobre Chelyabinsk, na Rússia, em 2013, explodiu com a energia de cerca de 500 quilotoneladas de TNT. A sua onda de choque estilhaçou janelas em milhares de edifícios de apartamentos e levou mais de 1200 pessoas ao hospital devido a ferimentos. O meteoro de Chelyabinsk era tão brilhante - 30 vezes mais brilhante do que o sol na sua forma mais intensa - que deixou pessoas com queimaduras na pele e na retina. Os cientistas estão a estudar o acontecimento de Chelyabinsk para melhor compreenderem a vulnerabilidade da vida humana às colisões de objectos espaciais e para desenvolverem tecnologias que protejam a Terra dessas colisões.

2.2.2 Chuvas de meteoros

Por vezes, o céu enche-se de luzes que parecem fogo de artifício celestial. Estas chuvas de meteoros ocorrem quando a Terra passa pela órbita de um cometa.

Os cometas libertam partículas que aparecem como um rasto de poeira atrás da "bola de neve suja" de rocha, gelo e gás que constitui o núcleo do cometa. Quando a Terra passa pela cauda de um cometa, os detritos rochosos colidem com a nossa atmosfera, criando as riscas coloridas de uma chuva de meteoros. As tempestades de meteoros são ainda mais intensas do que as chuvas, sendo definidas como tendo pelo menos 1.000 meteoros por hora.

Todos os meteoros de uma chuva de meteoros parecem vir de um ponto no céu. Este ponto é chamado de ponto radiante, ou simplesmente o radiante.

As chuvas de meteoros têm o nome da constelação em que o seu radiante aparece. A fonte dos meteoros não é a constelação, é claro, mas sim o cometa do qual se desprenderam. Por exemplo, a chuva de meteoros Leónidas parece produzir meteoros que caem da constelação de Leão, mas na realidade são detritos do cometa Tempel-Tuttle. Visíveis todos os anos em novembro, as Leónidas são consideradas alguns dos meteoros mais rápidos e de maior duração. Outras importantes chuvas de meteoros incluem as Perseidas, as Oriónidas e as Geminídeas. Tal como as Leónidas, são eventos previsíveis, ocorrendo anualmente em alturas específicas.

2.3 Meteoritos

Um meteorito é um pedaço sólido de detritos de um objeto, como um cometa, asteroide ou meteoroide, um meteoro e forma uma bola de fogo, também conhecida como estrela cadente; os astrónomos chamam aos exemplos mais brilhantes "bólides". Quando assenta na superfície de um corpo maior, o meteoro transforma-se num meteorito. Os meteoritos variam muito em tamanho. Para os geólogos, um bólide é um meteorito suficientemente grande para criar uma cratera de impacto.

Os meteoritos que são recuperados depois de terem sido observados quando atravessam a atmosfera e embatem na Terra são designados por quedas de meteoritos. Todos os outros são conhecidos como achados de meteoritos. Os meteoritos têm sido tradicionalmente divididos em três grandes categorias: meteoritos pétreos, que são rochas compostas principalmente por minerais de silicato; meteoritos de ferro, que são compostos principalmente por ferro-níquel; e meteoritos de ferro pétreo, que contêm grandes quantidades de material metálico e rochoso. Os esquemas de classificação modernos dividem os meteoritos em grupos de acordo com a sua estrutura, composição química e isotópica e mineralogia. Os "meteoritos" com menos de ~1 mm de diâmetro são classificados como micrometeoritos. No entanto, os micrometeoritos diferem dos meteoritos na medida em que, tipicamente, se fundem completamente na atmosfera e caem na Terra como gotículas apagadas.

Foram encontrados meteoritos extraterrestres na Lua e em Marte.

Figura 2.5 Meteorito

2.3.1 Classificação dos meteoritos

A maioria dos meteoritos são meteoritos pétreos, classificados como condritos e acondritos. Apenas cerca de 6% dos meteoritos são meteoritos de ferro ou uma mistura de rocha e metal, os meteoritos de ferro e pedra. A classificação moderna dos meteoritos é complexa. O artigo de revisão de Krot et al. (2007) resume a taxonomia moderna dos meteoritos.

Cerca de 86% dos meteoritos são condritos, cujo nome se deve às partículas pequenas e redondas que contêm. Estas partículas, ou côndrulos, são compostas principalmente por minerais de silicato que parecem ter sido fundidos enquanto eram objectos que flutuavam livremente no espaço. Alguns tipos de condritos também contêm pequenas quantidades de matéria orgânica, incluindo aminoácidos, e grãos pré-solares. Os condritos têm tipicamente cerca de 4,55 mil milhões de anos e pensa-se que representam material da cintura de asteróides que nunca se aglutinou em grandes corpos. Tal como os cometas, os asteróides condritos são alguns dos materiais mais antigos e primitivos do Sistema Solar. Os condritos são frequentemente considerados como "os blocos de construção dos planetas".

Cerca de 8% dos meteoritos são acondritos (o que significa que não contêm côndrulos), alguns dos quais são semelhantes a rochas ígneas terrestres. A maioria dos acondritos são também rochas antigas e pensa-se que representam material da crosta de planetesimais diferenciados. Uma grande família de acondritos (os meteoritos HED) pode ter tido origem no corpo progenitor da Família Vesta, embora esta afirmação seja contestada. Outros derivam de asteróides não identificados. Dois pequenos grupos de acondritos são especiais, pois são mais jovens e não parecem ter vindo da cintura de asteróides. Um destes grupos vem da Lua, e inclui rochas semelhantes às trazidas para a Terra pelos programas Apollo e Luna. O outro grupo é quase de certeza de Marte e constitui os únicos materiais de outros planetas alguma vez recuperados pelo Homem.

Cerca de 5% dos meteoritos que foram vistos a cair são meteoritos de ferro compostos por ligas de ferro níquel, como a kamacite e/ou a taenite. Pensa-se que a maioria dos meteoritos de ferro provém dos núcleos de planetesimais que outrora estiveram fundidos. Tal como na Terra, o metal mais denso separou-se do material silicatado e afundou-se em direção ao centro do planetesimal, formando o seu núcleo. Depois de solidificado, o planetesimal partiu-se numa colisão com outro planetesimal. Devido à baixa abundância de meteoritos de ferro em áreas de recolha como a Antárctida, onde a maior parte do material meteórico que caiu pode ser recuperado, é possível que a percentagem de quedas de meteoritos de ferro seja inferior a 5%. Isto seria explicado por um viés de recuperação; os leigos são mais propensos a notar e recuperar massas sólidas de metal do que a maioria dos outros tipos de meteoritos. A abundância de meteoritos de ferro em relação ao total de achados na Antárctida é de 0,4%.

Os meteoritos de ferro-pedra constituem o 1% restante. São uma mistura de metal de ferro-níquel e minerais de silicato. Pensa-se que um dos tipos, chamado pallasite, teve origem na zona limite acima das regiões do núcleo onde se originaram os meteoritos de ferro. O outro grande tipo de meteoritos de ferro-pedra são os mesosideritos.

As tektites (do grego *tektos*, derretido) não são meteoritos propriamente ditos, mas sim objectos de vidro naturais com até alguns centímetros de tamanho que foram formados - segundo a maioria dos cientistas - pelos impactos de grandes meteoritos na superfície da Terra. Alguns investigadores defendem que os tektites têm origem na Lua como ejectos vulcânicos, mas esta teoria perdeu muito do seu apoio nas últimas décadas.

2.4 Cometas

Um cometa é um pequeno corpo gelado do Sistema Solar que aquece e começa a libertar gases quando passa perto do Sol, um processo chamado desgaseificação. Este processo produz uma atmosfera extensa, gravitacionalmente não ligada, ou coma, em torno do núcleo, e por vezes uma cauda de gás e poeira expelida pela coma. Estes fenómenos são devidos aos efeitos da radiação solar e do vento solar que actuam sobre o núcleo do cometa.

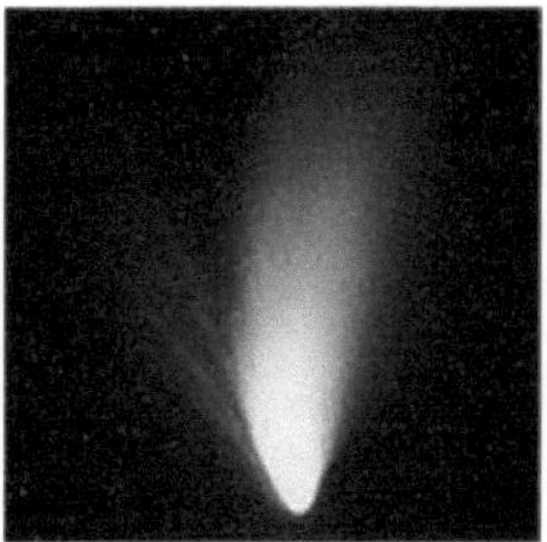

Figura 2.6 Cometa

Os núcleos dos cometas variam entre algumas centenas de metros e dezenas de quilómetros de diâmetro e são compostos por colecções soltas de gelo, poeira e pequenas partículas rochosas. A coma pode ter até 15 vezes o diâmetro da Terra, enquanto a cauda pode estender-se para além de uma unidade astronómica. Se estiver suficientemente próximo e brilhante, um cometa pode ser visto da Terra sem a ajuda de um telescópio e pode subtender um arco de até 30° (60 luas) no céu. Os cometas têm sido observados e registados desde a antiguidade por muitas culturas e religiões. Os cometas têm geralmente órbitas elípticas altamente excêntricas e têm uma grande variedade de períodos orbitais, que vão desde vários anos até potencialmente vários milhões de anos. Os cometas de curto período têm origem na cintura de Kuiper ou no seu disco disperso associado, que se situam para além da órbita de Neptuno. Pensa-se que os cometas de longo período têm origem na nuvem de Oort, uma nuvem esférica de corpos gelados que se estende desde o exterior da cintura de Kuiper até meio caminho da estrela mais próxima. Os cometas de longo período são postos em movimento em direção ao Sol pelas perturbações gravitacionais das estrelas que passam e pela maré galáctica. Os cometas hiperbólicos podem passar uma vez pelo Sistema Solar interior antes de serem lançados para o espaço interestelar. O aparecimento de um cometa é chamado de aparição.

Pensa-se que os asteróides têm uma origem diferente da dos cometas, tendo-se formado dentro da órbita de Júpiter e não no Sistema Solar exterior. No entanto, a descoberta de cometas da cintura principal e de planetas menores centauros activos veio esbater a distinção entre asteróides e cometas. No início do século XXI, a descoberta de alguns corpos menores com órbitas de cometa de longo período, mas com características de asteróides do sistema solar interior, foram designados por cometas Manx. Continuam a ser classificados como cometas, como o C/2014 S3 (PANSTARRS). Vinte e sete cometas Manx foram encontrados entre 2013 e 2017.

Em novembro de 2021, existiam 4 584 cometas conhecidos, o que representa uma fração muito pequena da população potencial total de cometas, uma vez que o reservatório de corpos semelhantes a cometas no Sistema Solar exterior (na nuvem de Oort) é de cerca de um bilião. Cerca de um cometa por ano é visível a olho nu, embora muitos deles sejam ténues e pouco espectaculares. Os exemplos particularmente brilhantes são chamados "grandes cometas". Os cometas têm sido visitados por sondas não tripuladas, como a DeepImpact da NASA, que abriu uma cratera no cometa Tempel 1 para estudar o seu interior, e a Rosetta da Agência Espacial Europeia, que foi a primeira a aterrar uma nave espacial robótica num cometa.

2.4.1 Factos sobre os cometas

1. Os cometas estão em órbita à volta do Sol, tal como os nossos planetas.
2. Os cometas são compostos por gelos, poeiras e detritos rochosos transportados desde a formação inicial do sistema solar, há cerca de 4,5 mil milhões de anos.

3. Os cometas são restos das regiões frias e exteriores do sistema solar
4. As órbitas dos cometas são elípticas.

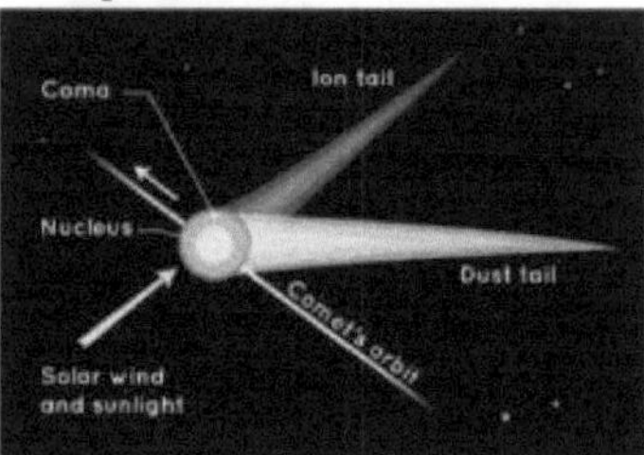

Figura 2.7 Órbita do cometa

2.5 Asteróides

Um asteroide é um planeta menor - um objeto que não é um verdadeiro planeta nem um cometa - que orbita no interior do Sistema Solar. São corpos rochosos, metálicos ou gelados, sem atmosfera. Os tamanhos e formas dos asteróides variam significativamente, desde rochas de 1 metro até um planeta anão com quase 1000 km de diâmetro.

Dos cerca de um milhão de asteróides conhecidos, o maior número situa-se entre as órbitas de Marte e Júpiter, a cerca de 2 a 4 UA do Sol, na cintura principal de asteróides. Os asteróides são geralmente classificados como sendo de três tipos: Tipo C, tipo M e tipo S. Estes tipos receberam o seu nome e são geralmente identificados com composições carbonosas, metálicas e siliciosas, respetivamente. O tamanho dos asteróides varia muito; o maior, Ceres, tem quase 1.000 km (600 milhas) de diâmetro e qualifica-se como um planeta anão. A massa total de todos os asteróides combinados é apenas 3% da massa da Lua da Terra. A maioria dos asteróides da cintura principal segue órbitas ligeiramente elípticas e estáveis, girando na mesma direção que a Terra e demorando entre três a seis anos a completar uma volta completa ao Sol.

Os asteróides têm sido historicamente observados a partir da Terra; a nave espacial *Galileu* proporcionou a primeira observação próxima de um asteroide. Várias missões dedicadas a asteróides foram posteriormente lançadas pela NASA e pela JAXA, com planos para outras missões em curso. A *NEAR Shoemaker* da NASA estudou Eros e a *Dawn* observou Vesta e Ceres. As missões *Hayabusa* e *Hayabusa2* da JAXA estudaram e devolveram amostras de Itokawa e Ryugu, respetivamente. A OSIRIS-REx estudou Bennu, recolhendo uma amostra em 2020 que foi devolvida à Terra em 2023. A *Lucy* da NASA, lançada em 2021, estudará dez asteróides diferentes, dois da cintura principal e oito troianos de Júpiter. A *Psyche*, lançada em outubro de 2023, estudará um asteroide metálico com o mesmo nome. Os asteróides próximos da Terra podem ameaçar toda a vida no planeta; um impacto de asteroide resultou na extinção do Cretáceo-Paleogénico. Foram propostas diferentes estratégias de deflexão de asteróides; a nave espacial Double Asteroid Redirection Test, ou DART, foi lançada em 2021 e colidiu intencionalmente com o Dimorphos em setembro de 2022, alterando com sucesso a sua órbita ao embater nele.

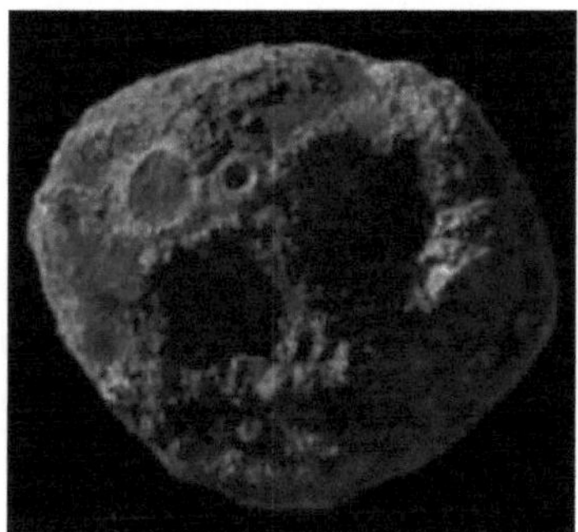

Figura 2.8 Asteroide

2.6 Cintura de Kuiper

A cintura de Kuiper é um disco estelar circunscrito no Sistema Solar exterior, que se estende desde a órbita de Neptuno a 30 unidades astronómicas (UA) até aproximadamente 50 UA do Sol. É semelhante à cintura de asteróides, mas é muito maior - 20 vezes mais larga e 20-200 vezes mais maciça.

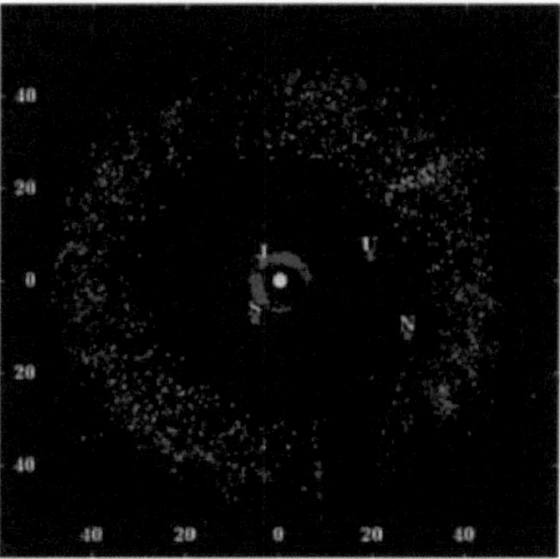

Figura 2.9 Cintura de Kuiper

Tal como a cintura de asteróides, é constituída principalmente por pequenos corpos ou restos da formação do Sistema Solar. Embora muitos asteróides sejam compostos principalmente por rocha e metal, a maioria

Os objectos da cintura de Kuiper são compostos em grande parte por voláteis congelados (designados por "gelos"), como o metano, o amoníaco e a água. A cintura de Kuiper alberga a maioria dos objectos que os astrónomos geralmente aceitam como planetas anões: Orcus, Plutão, Haumea, Quaoar e Make Make. Algumas das luas do Sistema Solar, como Tritão de Neptuno e Febe de Saturno, podem ter tido origem nesta região.

O nome da cintura de Kuiper é uma homenagem ao astrónomo holandês Gerard Kuiper, que conjecturou a existência de uma cintura semelhante em 1951. No entanto, só em 1980 é que o astrónomo Julio Angel Fernandez publicou um artigo sugerindo a existência de uma cintura de cometas para lá de Neptuno, que poderia servir de fonte de cometas de curto período. Embora a Cintura de Kuiper tenha o nome de Gerard Kuiper, Fernandez foi o investigador que primeiro previu a sua existência. A Cintura de Kuiper é uma região em forma de donut de corpos gelados que se estende muito para além da órbita de Neptuno. É o lar de Plutão e Arrokoth. Ambos os mundos foram visitados pela nave espacial New Horizons da NASA. É possível que existam milhões de outros mundos gelados na Cintura de Kuiper que sobraram da formação do nosso sistema solar.

2.7 Nuvem de Oort

A nuvem de Oort, por vezes chamada de nuvem Öpik-Oort, é teoricamente uma vasta nuvem de planetesimais gelados que rodeiam o Sol a distâncias que variam entre 2.000 e 200.000 UA (0,03 e 3,2 anos-luz). O conceito de tal nuvem foi proposto em 1950 pelo astrónomo holandês Jan Oort, em cuja honra a ideia foi baptizada. Oort propôs que os corpos desta nuvem reabastecem e mantêm constante o número de cometas de longo período que entram no Sistema Solar interior - onde acabam por ser consumidos e destruídos durante as aproximações ao Sol. Pensa-se que a nuvem de Oort ocupa um vasto espaço algures entre 2,000 e 5,000 UA (0.03 e 0.08 ly) do Sol até 50,000 UA (0.79 ly) ou mesmo 100,000 a 200,000 UA (1.58 a 3.16 ly).A região pode ser subdividida numa nuvem de Oort exterior esférica com um raio de cerca de 20 000-50 000 UA (0,32-0,79 ly) e uma nuvem de Oort interior em forma de toro com um raio de 2 000-20 000 UA (0,03-0,32 ly).

A nuvem de Oort interior é por vezes conhecida como a nuvem de Hills, em homenagem a Jack G. Hills, que propôs a sua existência em 1981. Os modelos prevêem que a nuvem interna é a mais densa das duas, tendo dezenas ou centenas de vezes mais núcleos cometários do que a nuvem externa. Pensa-se que a nuvem de Hills é necessária para explicar a continuação da existência da nuvem de Oort ao fim de milhares de milhões de anos.

Por se encontrar na interface entre o domínio da gravitação solar e galáctica, os objectos que compõem a nuvem de Oort exterior estão apenas fracamente ligados ao Sol. Isto, por sua vez, permite que pequenas perturbações de estrelas próximas ou da própria Via Láctea injectem cometas de longo período (e possivelmente do tipo Halley) dentro da órbita de Neptuno. Este processo deveria ter esgotado a nuvem externa mais esparsa e, no entanto, cometas de longo período com órbitas bem acima ou abaixo da eclítica continuam a ser observados. Pensa-se que a nuvem de Hills é um reservatório secundário de núcleos cometários e a fonte de reabastecimento para a ténue nuvem exterior, à medida que os números desta última se esgotam gradualmente através de perdas para o Sistema Solar interior.

A nuvem de Oort exterior pode ter biliões de objectos maiores do que 1 km (0,6 milhas), e biliões com diâmetros de 20 quilómetros (12 milhas). Isto corresponde a uma magnitude absoluta de mais de 11. Nesta análise, os objectos "vizinhos" na nuvem exterior estão separados por uma fração significativa de 1 UA, dezenas de milhões de quilómetros. A massa total da nuvem exterior não é conhecida, mas assumindo que o cometa Halley é um substituto adequado para os núcleos que compõem a nuvem exterior de Oort, a sua massa combinada seria de cerca de 3×10^{25} quilogramas ($6,6\times10^{25}$ lb), ou cinco massas terrestres.

Anteriormente, pensava-se que a nuvem exterior era mais maciça em duas ordens de grandeza, contendo até 380 massas terrestres, mas um melhor conhecimento da distribuição do tamanho dos cometas de longo período levou a estimativas mais baixas. Até 2023, não foram publicadas estimativas da massa da nuvem de Oort interior. Se as análises dos cometas forem representativas do todo, a grande maioria dos objectos da nuvem de Oort é constituída por gelos como a água, o metano, o etano, o monóxido de carbono e o cianeto de hidrogénio.

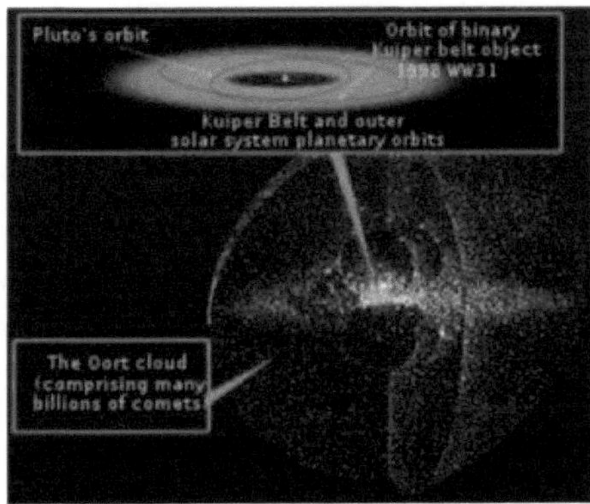

Figura 2.10 Impressão de um artista da nuvem de Oort e da cintura de Kuiper (inset); os tamanhos dos objectos estão sobredimensionados para maior visibilidade

No entanto, a descoberta do objeto 1996 PW, um objeto cuja aparência era consistente com um asteroide do tipo D numa órbita típica de um cometa de longo período, levou a investigação teórica que sugere que a população da nuvem de Oort consiste em cerca de um a dois por cento de asteróides. A análise dos rácios de isótopos de carbono e de azoto nos cometas de longo período e de

Os estudos de cometas da família Júpiter mostram pouca diferença entre os dois, apesar das suas regiões de origem presumivelmente muito diferentes. Isto sugere que ambos tiveram origem na nuvem protosolar original, uma conclusão também apoiada por estudos de tamanho granular em cometas da nuvem de Oort e pelo recente estudo de impacto do cometa Tempel 1 da família Júpiter.

Pensa-se que a nuvem de Oort se desenvolveu após a formação dos planetas a partir do disco protoplanetário primordial, há cerca de 4,6 mil milhões de anos. A hipótese mais aceite é a de que os objectos da nuvem de Oort coalesceram inicialmente muito mais perto do Sol, como parte do mesmo processo que formou os planetas e os planetas menores. Após a formação, fortes interacções gravitacionais com jovens gigantes gasosos, como Júpiter, espalharam os objectos em órbitas elípticas ou parabólicas extremamente largas, que foram subsequentemente modificadas por perturbações de estrelas que passavam e de nuvens moleculares gigantes para órbitas de longa duração, separadas da região dos gigantes gasosos.

2.8 Deteção de ondas gravitacionais

As ondas gravitacionais são mais simplesmente consideradas como ondulações na curvatura do espaço-tempo, sendo o seu efeito a alteração da separação de massas adjacentes na Terra ou no espaço; este efeito de maré é a base de todos os detectores actuais. O problema para o físico experimental é que as magnitudes previstas das deformações no espaço causadas pelas ondas gravitacionais são da ordem de 10-21 ou inferiores. De facto, os modelos teóricos actuais sugerem que, para detetar alguns acontecimentos por ano - por exemplo, de sistemas binários de estrelas de neutrões em fusão - é necessária uma sensibilidade próxima de 10-22. As ondas gravitacionais são detectadas utilizando instrumentos extremamente sensíveis, conhecidos como interferómetros. Estes instrumentos, como o LIGO (Laser Interferometer Gravitational-Wave Observatory) e o Virgo, utilizam feixes de laser divididos e enviados por dois braços perpendiculares com vários quilómetros de comprimento.

Figura 2.11 Ondas gravitacionais

Embora Einstein tenha previsto a existência de ondas gravitacionais em 1916, a primeira prova da sua existência só chegou em 1974. Nesse ano, dois astrónomos, Russell Hulse e Joseph Taylor, utilizando o Rádio Observatório de Arecibo, em Porto Rico, descobriram um pulsar binário a 21000 anos-luz da Terra.

As ondas gravitacionais são "ondulações" no espaço-tempo causadas por alguns dos processos mais violentos e energéticos do Universo. Albert Einstein previu a existência de ondas gravitacionais em 1916 na sua teoria geral da relatividade. A matemática de Einstein mostrava que objectos maciços em aceleração (como estrelas de neutrões ou buracos negros em órbita) perturbariam o espaço-tempo de tal forma que "ondas" de ondulação do espaço-tempo se propagariam em todas as direcções a partir da fonte. Estas ondulações cósmicas viajariam à velocidade da luz, transportando consigo informação sobre as suas origens, bem como pistas sobre a natureza da própria gravidade.

As ondas gravitacionais mais fortes são produzidas por acontecimentos cataclísmicos como a colisão de buracos negros, supernovas (estrelas maciças que explodem no fim da sua vida) e estrelas de neutrões que colidem. Prevê-se que outras ondas gravitacionais sejam causadas pela rotação de estrelas de neutrões que não são esferas perfeitas e, possivelmente, até pelos restos de radiação gravitacional criados pelo Big Bang.

A animação abaixo ilustra como as ondas gravitacionais são emitidas por duas estrelas de neutrões à medida que orbitam entre si e depois coalescem (crédito: NASA/Goddard Space Flight Center). Note-se que as ondas gravitacionais são invisíveis. São aqui tornadas visíveis para ilustrar a sua propagação para longe da fonte.

Figura 2.12 Ondas gravitacionais invisíveis

2.8.1 Impressão artística de um pulsar binário

Desde então, muitos astrónomos estudaram as emissões de rádio dos pulsares (os pulsares são estrelas de neutrões que emitem feixes de ondas de rádio) e encontraram efeitos semelhantes, confirmando ainda mais a existência de ondas gravitacionais. Mas estas confirmações vieram sempre de forma indireta, exigindo que se *inferisse* a existência de GWs.t. Tudo isto mudou a

14 de setembro de 2015, quando o LIGO detectou fisicamente as ondulações no espaço-tempo causadas por ondas gravitacionais geradas por dois buracos negros em colisão a 1,3 mil milhões de anos-luz de distância. A primeira deteção do LIGO ficará na história como um dos maiores feitos científicos da humanidade.

Embora os processos que geram ondas gravitacionais mensuráveis sejam extremamente violentos, quando as ondas chegam à Terra são *milhares de milhares de milhões de* vezes mais pequenas (devido à "rigidez" do espaço) e muito mais pequenas quando nos alcançam, tal como os sons são mais fracos quando nos afastamos da fonte. De facto, quando as ondas gravitacionais da primeira deteção do LIGO chegaram até nós, a quantidade de oscilação do espaço-tempo que geraram era 10 000 vezes *menor do que o núcleo de um átomo*! O LIGO foi concebido para efetuar medições tão pequenas e inconcebíveis.

2.9 Avanços recentes da Astrofísica

As missões actuais da Astrofísica incluem dois dos Grandes Observatórios originalmente planeados na década de 1980 e lançados nos últimos 30 anos. O atual conjunto de missões operacionais inclui o Telescópio Espacial Hubble, o Observatório de Raios X Chandra e o Telescópio Espacial James Webb. Para além disso, o Telescópio Espacial de Raios Gama Fermi explora o extremo de alta energia do espetro.

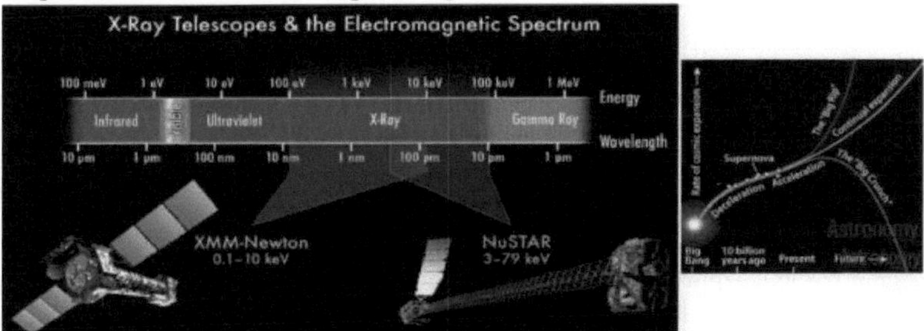

Figura 2.13 Avanços recentes da Astrofísica

Além disso, o Telescópio Espacial de Raios Gama Fermi explora o extremo de alta energia do espetro. Missões exploradoras inovadoras, como o Observatório Neil Gehrels Swift, NuSTAR, TESS e IXPE, bem como o NICER, complementam as missões estratégicas de Astrofísica. O SOFIA, um observatório aerotransportado para a astronomia de infravermelhos, encontra-se na sua fase de missão alargada.

O conjunto de todas as missões é responsável por grande parte do conhecimento acumulado da humanidade sobre os céus. Muitas destas missões atingiram os seus principais objectivos científicos, mas continuam a produzir resultados espectaculares nas suas operações prolongadas. Os investigadores financiados pela NASA também participam em observações, análises de dados e desenvolvem instrumentos para as missões astrofísicas dos nossos parceiros internacionais, incluindo o XMM-Newton da ESA.

2.9.1 Futuro próximo

O futuro próximo será dominado por várias missões. Atualmente em desenvolvimento, estão a missão Euclid da ESA, que utilizará detectores fornecidos pela NASA, e a missão XRISM (X-Ray Imaging and Spectroscopy) da JAXA, que utiliza tecnologias fornecidas pela NASA que ajudarão a fazer descobertas no estudo da formação da estrutura do universo, dos fluxos de saída dos núcleos das galáxias e da matéria negra.

A conclusão das missões em desenvolvimento, o apoio às missões operacionais e o financiamento dos programas de investigação e análise consumirão a maior parte dos recursos da Divisão de Astrofísica. Em outubro de 2021, a NASA selecionou uma nova missão exploradora, o telescópio de raios gama COSI (Compton Spectrometer and Imager). O COSI estudará a história recente do nascimento e morte de estrelas e a formação de elementos químicos na Via Láctea. Em março de 2017, a NASA seleccionou a Missão Exploradora de Oportunidade GUSTO (Galactic/Extragalactic ULDB Spectroscopic Terahertz Observatory) para medir as emissões do meio interestelar e ajudar os cientistas a determinar o ciclo de vida do gás interestelar na nossa Via Láctea, testemunhar a formação e destruição de nuvens de formação de estrelas e compreender a dinâmica e o fluxo de gás na vizinhança do centro da nossa galáxia.

Em fevereiro de 2016, a NASA iniciou formalmente a principal recomendação decadal do Astro2010, o Wide Field Infrared Survey Telescope (WFIRST). Na primavera de 2020, o WFIRST passou a chamar-se Telescópio Espacial Nancy Grace Roman. O Roman ajudará os investigadores nos seus esforços para desvendar os segredos da energia escura e da matéria escura e explorar a evolução do cosmos. Irá também descobrir novos mundos fora do nosso sistema solar e avançar na procura de mundos que possam ser adequados à vida.

2.9.2 O futuro

Desde o inquérito decadal de 2001, a forma como o universo é visto mudou drasticamente. Foram descobertos mais de 3800 planetas a orbitar estrelas distantes. Atualmente, sabe-se que os buracos negros estão presentes no centro da maioria das galáxias, incluindo a Via Láctea. A idade, tamanho e forma do universo foram mapeados com base na radiação primordial deixada pelo big bang. E descobriu-se que a maior parte da matéria do Universo é escura e invisível, e que o Universo não só está a expandir-se, como a acelerar de uma forma inesperada.

Para o futuro a longo prazo, os objectivos da Astrofísica serão orientados com base nos resultados do inquérito decenal de 2020 *"Pathways to Discovery in Astronomy and Astrophysics for the 2020s"*. O relatório identifica os objectivos científicos mais importantes e apresenta um programa ambicioso de actividades terrestres e espaciais para investimento futuro. O relatório recomenda acções críticas a curto prazo para apoiar as bases da profissão, bem como as tecnologias e ferramentas necessárias para realizar a ciência.

Em 2012, foi publicado o Plano de Implementação da Astrofísica, que descreve as actividades atualmente em curso em resposta às recomendações do inquérito decenal, dentro dos actuais limites orçamentais. O plano foi atualizado em 2014, 2016 e 2018. O roteiro de astrofísica Enduring Quests, Daring Visions (Missões duradouras, visões ousadas) foi desenvolvido por um grupo de trabalho do Subcomité de Astrofísica (APS) em 2013. O Roteiro apresenta uma visão a 30 anos para a astrofísica, utilizando como ponto de partida o inquérito decadal mais recente.

CAPÍTULO 3

Eclipses

3.1 Introdução

Um eclipse é um acontecimento astronómico que ocorre quando um objeto astronómico ou uma nave espacial é temporariamente obscurecido, ao passar para a sombra de outro corpo ou ao ter outro corpo a passar entre ele e o observador. Este alinhamento de três objectos celestes é conhecido como sizígia. Um eclipse é o resultado de uma ocultação (completamente oculto) ou de um trânsito (parcialmente oculto). Um "eclipse profundo" (ou "ocultação profunda") ocorre quando um pequeno objeto astronómico se encontra atrás de um objeto maior.

O termo eclipse é mais frequentemente utilizado para descrever um eclipse solar, quando a sombra da Lua atravessa a superfície da Terra, ou um eclipse lunar, quando a Lua passa para a sombra da Terra. No entanto, também se pode referir a acontecimentos fora do sistema Terra-Lua: por exemplo, um planeta que passa para a sombra de uma das suas luas, uma lua que passa para a sombra do seu planeta hospedeiro ou uma lua que passa para a sombra de outra lua. Um sistema estelar binário também pode produzir eclipses se o plano da órbita das suas estrelas constituintes intersectar a posição do observador.

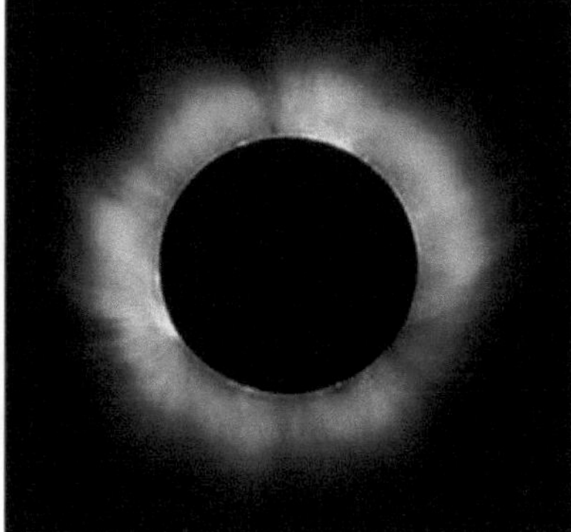

Figura 3.1 Eclipse solar total

Nos casos especiais dos eclipses solares e lunares, estes só ocorrem durante uma "época de eclipses", as duas alturas de cada ano em que o plano da órbita da Terra em torno do Sol se cruza com o plano da órbita da Lua em torno da Terra e a linha definida pelos planos que se intersectam aponta para perto do Sol.

3.2 Tipos de eclipses

Há milhares de anos que as civilizações observam os acontecimentos celestiais. Quer se trate de investigação astronómica ou simplesmente de apreciar as maravilhas da natureza tal como aparecem no espaço exterior, as pessoas sempre foram cativadas pela beleza misteriosa dos acontecimentos que se desenrolam acima

a atmosfera da Terra. Para muitos, um eclipse é o acontecimento mais cativante de todos.Os eclipses têm ocorrido desde o início dos tempos.Existem sete tipos de eclipses:

1. Eclipses solares totais:

Este tipo de eclipse ocorre quando a parte central e mais escura da sombra da lua, conhecida como "umbra", oclui totalmente a visão do sol, com o brilho do sol a delinear vagamente a sombra circular. O eclipse solar mais longo de que há registo durou uns incríveis sete minutos e 25 segundos. De acordo com os astrónomos, se o recorde for batido, isso só acontecerá depois de 8000 d.C.!

2. *Eclipses solares parciais:*

Este eclipse ocorre quando a "penumbra" da lua - uma parte mais clara da sua sombra que está fora da umbra - oclui parcialmente a visão do sol. O sol pode ter a forma de um crescente ou aparecer como se faltasse um pequeno pedaço.

Figura 3.2 Eclipses solares parciais

Ao contrário dos eclipses totais, os eclipses parciais podem fazer com que o sol pareça diferente de cada vez, e acontecem com mais frequência do que os eclipses solares totais.

3. *Eclipses solares anulares:*

Este tipo de eclipse ocorre quando a "antumbra" da Lua - uma parte da sua sombra que é mais clara do que a umbra mas mais escura do que a penumbra - oclui totalmente a visão do Sol. No entanto, ao contrário de um eclipse total, a lua parece ter uma periferia distinta e circular de luz radiante. Isto cria o efeito ilusório de a lua parecer quase tão grande como o sol.

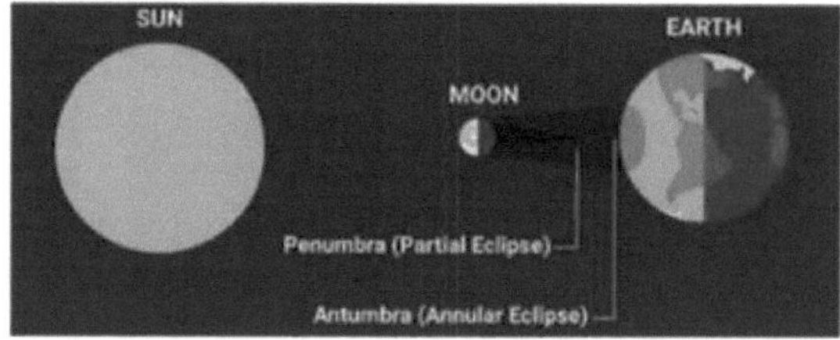

Figura 3.3 Eclipses solares anuais

4. *Eclipses solares híbridos:*

Num eclipse solar híbrido, a curvatura da Terra faz com que certas áreas ao longo da trajetória do eclipse intersectem a umbra da Lua e experienciem um eclipse total, enquanto as áreas na trajetória que intersectam a antumbra experienciam um eclipse anular. Os eclipses solares híbridos requerem um alinhamento altamente preciso entre a Terra e a Lua. Ocorrem aproximadamente uma vez por década.

5. *Eclipse Lunar Total:*

Um eclipse lunar total resulta do facto de a umbra da Terra cobrir totalmente a superfície da Lua. Como a Lua é iluminada apenas pela luz que refracta a atmosfera terrestre, aparece mais escura do que o normal, tendo frequentemente uma cor avermelhada ou acobreada. Este tipo de lua é frequentemente chamado de "lua de sangue" (foto acima) e proporciona uma visão distinta da topografia da lua.

6. *Eclipse Lunar Parcial:*

Um eclipse lunar parcial ocorre quando o sol, a terra e a lua partilham um alinhamento ligeiramente imperfeito que faz com que uma parte da lua seja coberta pela umbra da terra, enquanto o resto da Lua é coberta pela penumbra da Terra.

Figura 3.4 Eclipse lunar parcial

Quando ocorre um eclipse lunar, há 30% de hipóteses de ser um eclipse parcial, em comparação com 35% de hipóteses de ser um eclipse total.

7. Eclipse Lunar Penumbral:

Este tipo de eclipse ocorre quando a penumbra da Terra cobre a Lua, fazendo com que a Lua pareça mais escura. No entanto, como a penumbra da Lua é significativamente mais clara do que a umbra, alguns eclipses lunares penumbrais são fáceis de ignorar a olho nu. Os astrónomos estimam que os eclipses lunares penumbrais ocorrem entre duas e quatro vezes por ano.

Figura 3.5 Eclipse Lunar Penumbral

3.3 Eclipse solar

Um eclipse solar ocorre quando a Lua passa entre a Terra e o Sol, obscurecendo assim a visão do Sol de uma pequena parte da Terra, total ou parcialmente. Este alinhamento ocorre aproximadamente de seis em seis meses, durante a época do eclipse na sua fase de lua nova, quando o plano orbital da Lua está mais próximo do plano da órbita da Terra. Num eclipse total, o disco do Sol é totalmente obscurecido pela Lua. Nos eclipses parciais e anulares, apenas uma parte do Sol é obscurecida. Ao contrário de um eclipse lunar, que pode ser visto de qualquer lugar do lado noturno da Terra, um eclipse solar só pode ser visto de uma área relativamente pequena do mundo. Como tal, embora os eclipses solares totais ocorram algures na Terra a cada 18 meses, em média, só se repetem num dado local uma vez em cada 360 a

410 anos. Se a Lua estivesse numa órbita perfeitamente circular e no mesmo plano orbital que a Terra, haveria eclipses solares totais uma vez por mês, em cada lua nova. Em vez disso, como a órbita da Lua está inclinada cerca de 5 graus em relação à órbita da Terra, a sua sombra normalmente passa ao lado da Terra.

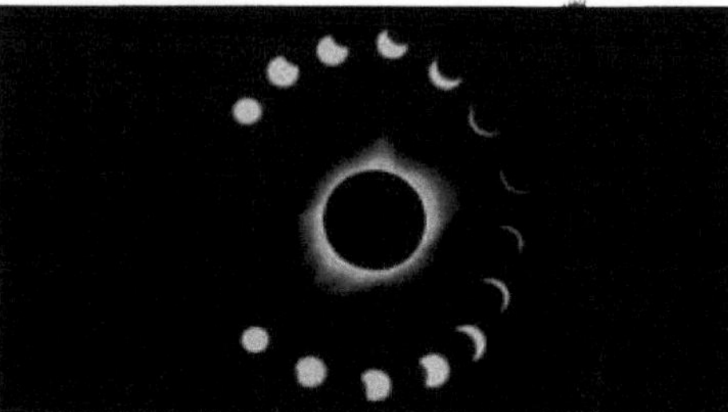
Figura 3.6 Um eclipse solar

Por conseguinte, os eclipses solares (e lunares) ocorrem apenas durante as épocas de eclipse, resultando em pelo menos dois, e até cinco, eclipses solares por ano, dos quais não mais de dois podem ser totais. Os eclipses totais são mais raros porque requerem um alinhamento mais preciso entre os centros de

o Sol e a Lua, e porque o tamanho aparente da Lua no céu é por vezes demasiado pequeno para cobrir totalmente o Sol.

Um eclipse é um fenómeno natural. Em algumas culturas antigas e modernas, os eclipses solares eram atribuídos a causas sobrenaturais ou considerados como maus presságios. As previsões de eclipses pelos astrónomos começaram na China já no século IV a.C.; atualmente, é possível prever com grande precisão eclipses a centenas de anos no futuro. Olhar diretamente para o Sol pode provocar lesões oculares permanentes, pelo que se utilizam técnicas especiais de proteção ocular ou de visão indireta quando se observa um eclipse solar. Apenas a fase total de um eclipse solar total é segura para ser vista sem proteção. Os entusiastas, conhecidos como "eclipse chasers" ou "umbraphiles", deslocam-se a locais remotos para ver eclipses solares.

3.4 Eclipse solar total e parcial

Existem três tipos de eclipses solares - parciais, anulares e totais. Nem todos os eclipses solares são iguais. A quantidade de Sol que é coberta pela Lua determina se é possível ver um eclipse parcial, anular ou total. Um eclipse solar ocorre quando a Lua passa entre o Sol e a Terra, bloqueando total ou parcialmente a nossa visão do Sol e projectando uma sombra na Terra. Um eclipse solar só pode ocorrer durante o dia. Se já viu um eclipse à noite, então viu um eclipse lunar.

3.4.1 Eclipse solar total:

Um eclipse solar total ocorre quando a Lua bloqueia completamente a nossa visão do Sol, revelando a atmosfera exterior do Sol - a coroa solar. Um eclipse solar total ocorre quando a Lua está precisamente posicionada entre o Sol e a Terra, fazendo com que a sombra da Lua caia sobre a Terra. Se estiver no meio desta sombra (a umbra), então a visão do Sol será completamente bloqueada pela Lua, permitindo-lhe ver a atmosfera exterior do Sol (a coroa). Se estiver em qualquer lugar dentro da sombra parcial significativamente maior (a penumbra), verá um eclipse parcial.

- *Factos sobre os eclipses solares totais*

Ocorrem, em média, a cada 18 meses. Do mesmo sítio na Terra, poder-se-ia ver uma a cada

300 ou 400 anos. O período de tempo em que o Sol é completamente obscurecido pela Lua é chamado de totalidade. Pode durar de alguns segundos a mais de sete minutos. Durante esta fase, pode retirar com segurança os seus óculos de eclipse e observar a coroa solar, que é tão brilhante como a lua cheia!

• A área onde a umbra atinge a Terra é chamada de caminho da totalidade. Tem apenas cerca de 100 milhas de largura e 10.000 milhas de comprimento. Para ver o eclipse, é preciso estar dentro desse caminho.

• A sombra da lua atravessa a Terra a mais de 1.000 quilómetros por hora durante o eclipse.

• Se estivéssemos na Lua (ou a orbitar a Terra numa estação espacial), poderíamos ver uma sombra escura a passar sobre a Terra.

3.4.2 Eclipse solar parcial

Um eclipse parcial ocorre quando a Lua cobre apenas parte do Sol. Durante um eclipse solar parcial, a sombra mais escura da Lua, a *umbra,* não atinge a Terra. Apenas uma sombra parcial, a *penumbra*, atinge a Terra.

- Factos sobre os eclipses solares parciais:

1. Os eclipses solares parciais ocorrem, em média, duas vezes por ano.
2. Todos os eclipses solares começam e terminam com um período de eclipse parcial.
3. É necessário usar sempre proteção para os olhos durante as fases parciais de um eclipse solar.

3.4.3 Eclipse lunar

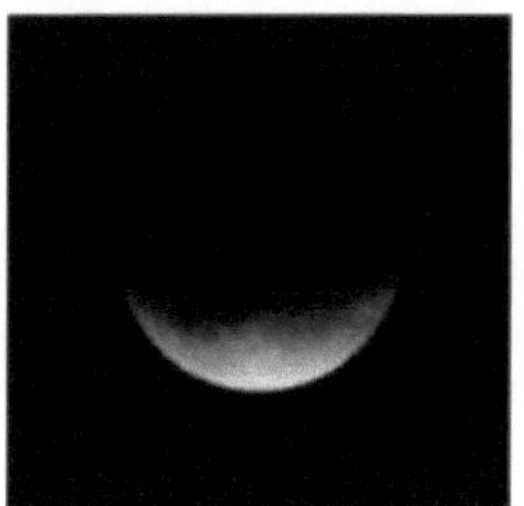

Figura 3.7 Um eclipse lunar

Um eclipse lunar é um evento astronómico que ocorre quando a Lua se move para a sombra da Terra, fazendo com que a Lua fique escura. Tal alinhamento ocorre durante uma época de eclipses, aproximadamente de seis em seis meses, durante a fase de lua cheia, quando o plano orbital da Lua está mais próximo do plano da órbita da Terra. Isto só pode ocorrer quando o Sol, a Terra e a Lua estão exatamente ou muito estreitamente alinhados (em sizígia) com a Terra entre os outros dois, o que só pode acontecer na noite de lua cheia quando a Lua está perto de um dos nodos lunares. O tipo e a duração de um eclipse lunar dependem da proximidade da Lua com o nodo lunar.

Quando a Lua é totalmente eclipsada pela Terra (um "eclipse profundo"), adquire uma cor avermelhada que é causada pelo planeta quando bloqueia completamente a luz solar direta que atinge a superfície da Lua, uma vez que apenas a luz reflectida pela superfície lunar foi refractada pela atmosfera da Terra. Esta luz parece avermelhada devido à dispersão de Rayleigh da luz azul, a mesma razão pela qual o nascer e o pôr do sol são mais alaranjados do que durante o dia.

Ao contrário de um eclipse solar, que só pode ser visto de uma área relativamente pequena do mundo, um eclipse lunar pode ser visto de qualquer lugar no lado noturno da Terra. Um eclipse lunar total pode durar até quase duas horas, enquanto um eclipse solar total dura apenas alguns minutos num determinado local, porque a sombra da Lua é mais pequena. Além disso, ao contrário dos eclipses solares, os eclipses lunares podem ser vistos sem qualquer proteção ocular ou precauções especiais.

3.4.4 Eclipse lunar total

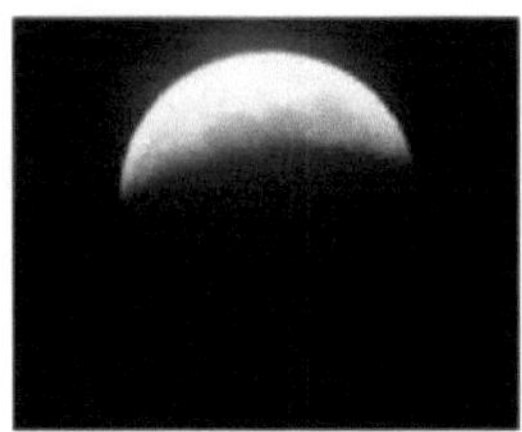

Figura 3.8 Eclipse lunar total

No eclipse lunar total, se a Lua passar totalmente para a umbra da Terra, ocorre um eclipse lunar total. Imediatamente antes da entrada completa, o brilho do limbo lunar - a borda curva da Lua que ainda está a ser atingida pela luz direta do Sol - fará com que o resto da Lua pareça comparativamente escuro. No momento em que a Lua entra num eclipse completo, toda a superfície se torna mais ou menos uniformemente brilhante.

Mais tarde, quando o limbo oposto da Lua é atingido pela luz do Sol, o disco global fica novamente obscurecido. Isto acontece porque, visto da Terra, o brilho de um limbo lunar é geralmente maior do que o do resto da superfície, devido aos reflexos das muitas irregularidades da superfície dentro do limbo: a luz solar que atinge estas irregularidades é sempre reflectida em maior quantidade do que a que atinge as partes mais centrais, e é por isso que as bordas das luas cheias aparecem geralmente mais brilhantes do que o resto da superfície lunar. Isto é semelhante ao efeito do tecido de veludo sobre uma superfície curva convexa, que, para um observador, parecerá mais escuro no centro da curva. O mesmo acontece com qualquer corpo planetário com pouca ou nenhuma atmosfera e uma superfície irregular com crateras (por exemplo, Mercúrio), quando visto em frente ao Sol.

Eclipse lunar parcial:

Quando a Lua penetra parcialmente na umbra da Terra, é conhecido como um eclipse lunar parcial, enquanto um eclipse lunar total ocorre quando toda a Lua penetra na umbra da Terra. Durante este evento, uma parte da Lua está na umbra da Terra, enquanto a outra parte está na penumbra da Terra. A velocidade orbital média da Lua é de cerca de 1,03 km/s (2.300 mph), ou um pouco mais do que o seu diâmetro por hora, pelo que a totalidade pode durar até cerca de 107 minutos.

No entanto, o tempo total entre o primeiro e o último contacto do limbo da Lua com a sombra da Terra é muito mais longo e pode durar até 236 minutos.

3.5 Trânsitos

Em astronomia, um trânsito (ou trânsito astronómico) é a passagem de um corpo celeste diretamente entre um corpo maior e o observador. Quando visto de um determinado ponto de observação, o corpo em trânsito parece mover-se através da face do corpo maior, cobrindo uma pequena porção deste.

A palavra "trânsito" refere-se aos casos em que o objeto mais próximo aparece mais pequeno do que o objeto mais distante. Os casos em que o objeto mais próximo aparece maior e esconde completamente o objeto mais distante são conhecidos como ocultações. No entanto, a probabilidade de ver um planeta em trânsito é baixa porque depende do alinhamento dos três objectos numa linha quase perfeitamente reta. Muitos parâmetros de um planeta e da sua estrela-mãe podem ser determinados com base no trânsito.

No Sistema Solar,

Figura 3.9 Trânsito

Uma simulação de Io a transitar por Júpiter, vista da Terra em fevereiro de 2009. A sombra de Io é vista na superfície de Júpiter, guiando Io ligeiramente devido ao facto de o Sol e a Terra não estarem na mesma linha. (Io, Europa, Ganimedes, Calisto) através de Júpiter, visto da Terra.

Embora raros, os casos em que quatro corpos estão alinhados acontecem de facto. Um desses eventos ocorreu a 27 de junho de 1586, quando Mercúrio transitou pelo Sol visto de Vénus ao mesmo tempo que um trânsito de Mercúrio visto de Saturno e Um tipo de trânsito envolve o movimento de um planeta entre um observador terrestre e o Sol. Isto só pode acontecer com planetas inferiores, nomeadamente Mercúrio e Vénus (ver trânsito de Mercúrio e trânsito de Vénus). No entanto, como um trânsito depende do ponto de observação, a própria Terra transita pelo Sol se for observada a partir de Marte. No trânsito solar pela Lua captado durante a calibração de

Nas imagens ultravioletas da sonda STEREO B, a Lua parece muito mais pequena do que quando vista da Terra, porque a separação entre a sonda e a Lua era várias vezes superior à distância Terra-Lua.

O termo também pode ser utilizado para descrever o movimento de um satélite através do seu planeta-mãe, por exemplo, um dos satélites galileanos, um trânsito de Vénus a partir de Saturno.

Todos os pormenores do trânsito que precisa de saber e saber quando se realiza o próximo trânsito são apresentados no quadro 2.

Quadro 3.1 Pormenores do trânsito

janeiro	02 de janeiro de 2024	Mercúrio direto em Escorpião
janeiro	07 de janeiro de 2024	Trânsito de Mercúrio em Sagitário
janeiro	15 de janeiro de 2024	Trânsito do Sol em Capricórnio
janeiro	16 de janeiro de 2024	Ascensão de Marte em Sagitário
janeiro	18 de janeiro de 2024	Trânsito de Vénus em Sagitário
fevereiro	01 de fevereiro de 2024	Trânsito de Mercúrio em Capricórnio

43

fevereiro	05 de fevereiro de 2024	Trânsito de Mercúrio em Capricórnio
fevereiro	08 de fevereiro de 2024	Mercúrio em Combustão em Capricórnio (8 Fev)
fevereiro	11 de fevereiro de 2024	Saturno em Combustão em Aquário
fevereiro	12 de fevereiro de 2024	Trânsito de Vénus em Capricórnio

3.5.1 Trânsitos astrológicos

Os trânsitos astrológicos são um dos principais meios utilizados na astrologia horoscópica para prever tendências e desenvolvimentos futuros (o outro meio utilizado é a progressão astrológica, que faz avançar o horóscopo no tempo de acordo com métodos definidos). Como o seu nome indica, os trânsitos astrológicos envolvem um método de interpretação do movimento contínuo dos planetas à medida que *transitam pelo* horóscopo. Isto é mais frequentemente feito para o nascimento ou mapa natal de um determinado indivíduo. É dada especial atenção às mudanças de signo ou de casa e aos aspectos ou ângulos que os planetas em trânsito fazem com o mapa natal.

Um trânsito particularmente importante é o *retorno planetário*. Este ocorre quando um planeta em trânsito regressa ao mesmo ponto do céu que ocupava no momento do nascimento de uma pessoa. O que isto significa é que o planeta completou um circuito completo do céu e significa que um novo ciclo na vida da pessoa está a começar. Os regressos mais significativos são os dos planetas exteriores Júpiter e Saturno. O retorno de Júpiter ocorre aproximadamente a cada 12 anos e anuncia uma nova fase de crescimento e desenvolvimento. O retorno de Saturno ocorre aproximadamente a cada 30 anos e anuncia uma nova fase no processo de envelhecimento, quando novas realidades e responsabilidades devem ser enfrentadas.

Fazem parte daquilo a que normalmente se chama *astrologia preditiva*, a pretensão da astrologia de prever tendências e desenvolvimentos futuros. Hoje em dia, a maioria dos astrólogos considera o termo "previsão" uma espécie de designação incorrecta, uma vez que a astrologia moderna não pretende prever diretamente acontecimentos futuros como tal. Em vez disso, afirma-se que um padrão astrológico em relação ao futuro pode corresponder a qualquer uma de uma variedade de possibilidades. O que é de facto predito é a tendência das circunstâncias e a natureza da reação do indivíduo à situação. Por outras palavras, os movimentos progredidos e em trânsito dos planetas indicam fases na vida do indivíduo em que o potencial mostrado no mapa natal terá oportunidades de desenvolvimento, seja através de circunstâncias favoráveis ou desfavoráveis.

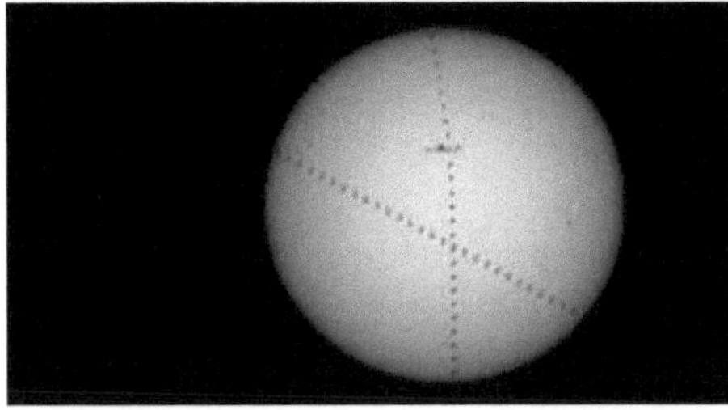

Figura 3.10 A ISS passa pelo sol

Para além disso, todos os astrólogos modernos sublinham o papel do livre arbítrio. Afirma-se que a astrologia não revela o destino ou padrões que estão "escritos em pedra", mas revela os pontos fortes e fracos, os talentos e as oportunidades de uma pessoa. O horóscopo não determina o futuro, mas mostra os possíveis caminhos que se avizinham para que o indivíduo possa escolher entre eles. Os astrólogos modernos defendem que nenhum aspeto planetário traz um destino que não possa ser contrariado de alguma forma e que não se possa retirar daí algum benefício - os acontecimentos efectivos dependem em grande medida da liberdade de escolha do indivíduo. O papel do astrólogo é criar auto-conhecimento e consciência do movimento dos planetas e do seu significado, de modo a dar ao indivíduo uma maior capacidade de fazer escolhas de vida razoáveis e sensatas. Em suma, nenhum astrólogo moderno tentaria prever eventos futuros reais, ou afirmar que o futuro foi traçado e determinado.

Os cépticos da astrologia argumentam, em resposta, que a ênfase no papel de tendências e desenvolvimentos vagos e gerais permite que os astrólogos evitem fazer previsões verificáveis; e dá-lhes a capacidade de atribuir significado a qualquer número de eventos arbitrários e não relacionados, de uma forma que sirva os seus objectivos.

3.6 O Sol

3.6.1 Dados físicos

O Sol é uma estrela de meia-idade com menos de 5 mil milhões de anos. O Sol é uma anã branca, mais pequena do que as outras estrelas maciças. Ao contrário de outras estrelas, o Sol é visto perto da Terra.

As propriedades físicas do sol são:

→ A massa do Sol é 1,98892x 10^3 ∘ kg.

→ O raio do Sol é 69,55x 10^4 km.

→ Volume do Sol = 1,412 x 10^{18} km3

→ Densidade do Sol = 1,622x 10^5 kg/т3

→ Diâmetro do Sol = 1,39 x 10^6 km.

→Temperatura da superfície do sol = 6000°C

→ O Sol é constituído por átomos como 91% de hidrogénio e 8,9% de hélio.

→ Em termos de massa, o Sol é constituído por 70,6% de hidrogénio, 27,4% de hélio e quantidades menores de oxigénio, carbono, néon, ferro e vários outros elementos.

→O tempo médio que o Sol demora a rodar a Terra é de 27 dias.

Por isso, o Sol é tão maciço que representa 99,8% da massa total de todo o sistema solar.

3.6.2 Dados orbitais

O período orbital (também período de revolução) é a quantidade de tempo que um determinado objeto astronómico demora a completar uma órbita em torno de outro objeto.

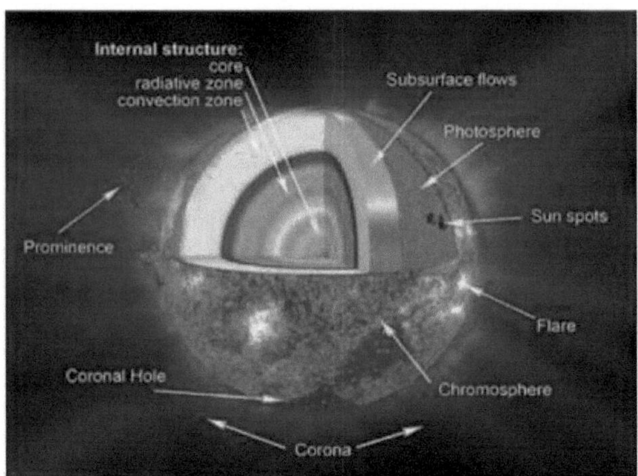

Figura 3.11 Estrutura interna do Sol

Em astronomia, aplica-se normalmente a planetas ou asteróides que orbitam o Sol, luas que orbitam planetas, exoplanetas que orbitam outras estrelas ou estrelas binárias. Pode também referir-se ao tempo que um satélite que orbita um planeta ou uma lua demora a completar uma órbita. Para os objectos celestes em geral, o período orbital é determinado por uma revolução de 360° de um corpo em torno do seu primário, por *exemplo,* a Terra em torno do Sol.

O Sol é uma das centenas de milhares de milhões de estrelas da nossa galáxia, a Via Láctea. A galáxia é composta por um meio interestelar gasoso, neutro ou ionizado, por vezes concentrado em densas nuvens de gás constituídas por átomos, moléculas e poeiras. Toda a matéria - gás, poeira e estrelas - gira em torno de um eixo central perpendicular ao plano galáctico. A força centrífuga causada pela rotação equilibra a força gravitacional, que atrai toda a matéria para o centro. A massa localizada no interior do círculo da órbita do Sol através da galáxia é cerca de 100 mil milhões de vezes superior à massa do Sol. Como o Sol tem uma massa média, os astrónomos concluíram que a galáxia contém cerca de 100 mil milhões de estrelas no seu disco.

Todas as estrelas da galáxia giram em torno de um centro galáctico, mas não com o mesmo período. As estrelas no centro têm um período mais curto do que as que estão mais afastadas. O Sol está localizado na parte exterior da galáxia. A velocidade do sistema solar devido à rotação galáctica é de cerca de 220 km/s. O disco de estrelas da Via Láctea tem cerca de 100 000 anos-luz de diâmetro e o Sol está localizado a cerca de 30 000 anos-luz do centro da galáxia. Com base numa distância de 30.000 anos-luz e numa velocidade de 220 km/s, a órbita do Sol em torno do centro da Via Láctea ocorre uma vez em cada 225 milhões de anos. A este período de tempo chama-se um ano cósmico. O Sol já orbitou a galáxia mais de 20 vezes durante os seus 5 mil milhões de anos de vida. Os movimentos do período são estudados através da medição das posições das linhas nos espectros das galáxias.

3.7 Atmosfera solar

A atmosfera solar é composta principalmente pela fotosfera, cromosfera e coroa. Estas são descritas nas subsecções seguintes:

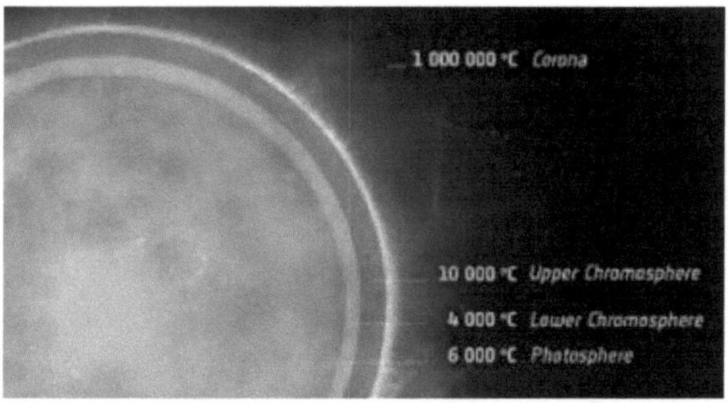

Figura 3.12 Camada da atmosfera do Sol

1. Fotosfera

A fotosfera é a camada mais baixa da atmosfera do Sol - a camada mais interna que podemos observar diretamente. O termo fotosfera significa "esfera de luz" e é a camada onde a maior parte da energia do Sol é emitida. A luz solar da fotosfera demora cerca de oito minutos a chegar à Terra.

A temperatura da fotosfera varia entre 11.000 graus Fahrenheit (6.125 graus Celsius) na parte inferior e 7.460 F (4.125 C) na parte superior. A fotosfera é significativamente mais fria do que as temperaturas no núcleo do Sol, que podem atingir cerca de 27 milhões de F (15 milhões de C), de acordo com a NASA. A fotosfera do Sol tem cerca de 300 milhas (500 quilómetros) de espessura, o que é relativamente fino quando comparado com o raio de 435.000 milhas (700.000 km) do Sol.

A fotosfera é marcada por grânulos brilhantes e borbulhantes de plasma e por manchas solares mais escuras e frias, que surgem quando o campo magnético do Sol rompe a superfície. As manchas solares parecem mover-se através do disco do Sol. A observação deste movimento levou os astrónomos a perceber que o Sol gira sobre o seu eixo. Uma vez que o Sol é uma bola de gás sem forma sólida, diferentes regiões rodam a ritmos diferentes. As regiões equatoriais do Sol rodam em cerca de 24 dias, enquanto as regiões polares demoram mais de 30 dias a efetuar uma rotação completa.

A fotosfera é também a fonte das erupções solares: línguas de fogo que se estendem centenas de milhares de quilómetros acima da superfície do Sol. As erupções solares produzem explosões de raios X, radiação ultravioleta, radiação electromagnética e ondas de rádio.

2. Cromosfera

A cromosfera representa a transição dinâmica entre o mínimo de temperatura fria da fotosfera exterior e a coroa difusa de milhões de graus acima. O seu nome e cor rosa derivam da linha vermelha Hα do hidrogénio a 6562,8 angstroms (Å); 1 Å = 10^{-1} 0 metro. Devido ao facto de esta linha ser tão forte, é o melhor meio para estudar a cromosfera. Por esta razão, são utilizados monocromadores especiais para estudar o Sol numa banda estreita de comprimento de onda. Como a densidade diminui com a altura mais rapidamente do que a intensidade do campo magnético, o campo magnético domina a estrutura da cromosfera, que reflecte a extensão dos campos magnéticos da fotosfera. As regras para esta interação são simples: todos os pontos da cromosfera onde o campo magnético é forte e vertical são quentes e, portanto, brilhantes, e todos os locais onde é horizontal são escuros. A supergranulação, que concentra o campo magnético nas suas extremidades, produz uma rede cromosférica de regiões brilhantes de campos magnéticos reforçados.

As estruturas mais proeminentes na cromosfera, especialmente no limbo, são os aglomerados de jactos, ou correntes, de plasma chamados espículas. As espículas estendem-se até 10,000 quilómetros acima da superfície do Sol. Como emite fortemente as linhas de alta excitação do hélio, pensava-se inicialmente que a cromosfera era quente. Mas as medições de rádio, um meio particularmente preciso de medir a temperatura, mostram que é apenas 8000 K, um pouco mais quente que a fotosfera. Mapas radioeléctricos detalhados mostram que as regiões mais quentes coincidem com campos magnéticos mais fortes. Tanto as regiões quentes como as frias estendem-se muito mais alto do que seria de esperar, lançadas acima da superfície por ação magnética e convectiva.

Quando os astrónomos observam o Sol a partir do espaço em comprimentos de onda ultravioleta, verifica-se que a cromosfera emite linhas formadas a altas temperaturas, que vão de 10 000 a 1 000 000 K. É possível encontrar toda a gama de ionização de um átomo: por exemplo, o oxigénio I (neutro) encontra-se na fotosfera, os oxigénios II a VI (um a cinco electrões removidos) na cromosfera e os oxigénios VII e VIII na coroa. Toda esta série ocorre num intervalo de altura de cerca de 5.000 quilómetros. Uma imagem da coroa obtida em comprimentos de onda ultravioleta tem uma aparência muito mais difusa em comparação com regiões de temperatura mais baixa, sugerindo que o material quente nos elementos magnéticos se espalha para fora com a altura para ocupar todo o espaço coronal. Curiosamente, a emissão de hélio, que era a pista original de que a temperatura aumentava para cima, não é irregular, mas uniforme. Isto ocorre porque os átomos de hélio são excitados pela emissão de raios X mais difusa e uniforme da coroa quente.

A estrutura da cromosfera muda drasticamente com as condições magnéticas locais. Nas extremidades da rede, aglomerados de espículas projectam-se dos aglomerados de linhas de campo magnético. À volta das manchas solares, ocorrem aglomerados de campos maiores chamados plage, onde não há espículas, mas onde a cromosfera é geralmente mais quente e mais densa. Nas áreas de proeminências as linhas de campo magnético são horizontais e as espículas estão ausentes.

3. *Corona*

Outro conjunto importante de linhas desconhecidas reveladas durante um eclipse provinha da coroa, e por isso o seu elemento de origem foi chamado corónio. Em 1940, a fonte das linhas foi identificada como transições fracas de dipolo magnético em vários átomos altamente ionizados, como o ferro X (ferro com nove electrões em falta), o ferro XIV e o cálcio XV, que só podem existir se a temperatura coronal for de cerca de 1 000 000 K. Estas linhas só podem ser emitidas em alto vácuo. As mais fortes são as do ferro, o que alertou os investigadores para a sua elevada abundância, quase igual à do oxigénio. Mais tarde descobriu-se que tinha havido erros em determinações anteriores da fotosfera. Embora a coroa seja um milhão de vezes mais fraca do que a fotosfera em luz visível (aproximadamente o mesmo que a Lua cheia na sua base e muito mais fraca a maiores alturas), a sua elevada temperatura torna-a uma poderosa fonte de emissão de raios X e ultravioleta extremos.

Os laços de material brilhante ligam campos magnéticos distantes. Existem regiões com pouca ou nenhuma coroa, chamadas buracos coronais. As regiões mais brilhantes são as regiões activas que rodeiam as manchas solares. O hidrogénio e o hélio estão completamente ionizados e os outros átomos estão altamente ionizados. A parte ultravioleta do espetro é preenchida por fortes linhas espectrais dos iões altamente carregados. A densidade na base da coroa é de cerca de 4×10^8 átomos por centímetro cúbico, 10^{13} vezes mais ténue que a atmosfera da Terra na sua base. Como a temperatura é elevada, a densidade diminui lentamente, por um fator de *e* (2,718) a cada 50 000 quilómetros.

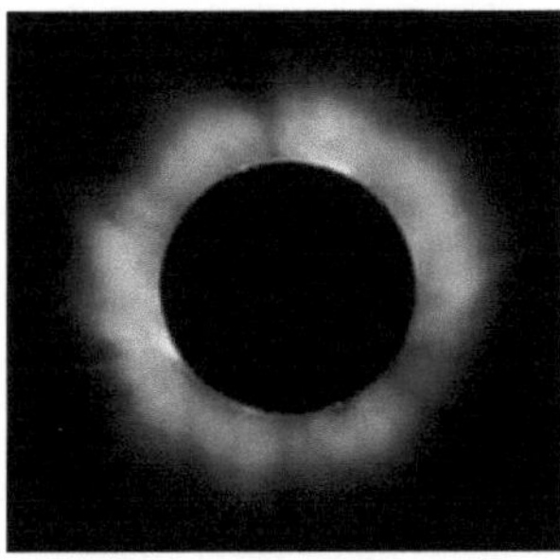

Figure 13   3 Imagem do Corónio

Os radiotelescópios são particularmente valiosos para estudar o coronário porque as ondas de rádio só se propagam quando a sua frequência excede a chamada frequência de plasma do meio local. A frequência do plasma varia de acordo com a densidade do meio, pelo que as medições de cada comprimento de onda nos indicam a temperatura à densidade correspondente. Nas frequências mais altas (acima de 1.000 MHz), a absorção de electrões é o fator principal e, nessas frequências, a temperatura é medida na densidade de absorção correspondente. Todas as frequências de rádio chegam até nós vindas de cima da fotosfera; esta é a principal forma de determinar as temperaturas atmosféricas. Do mesmo modo, toda a emissão de raios X e ultravioleta do Sol provém da cromosfera e da coroa, e a presença destas camadas pode ser detectada nas estrelas medindo os seus espectros nestes comprimentos de onda.

13.8 Prominências solares

Uma proeminência, por vezes designada por filamento, é uma grande estrutura de plasma e de campo magnético que se estende para fora da superfície do Sol, muitas vezes em forma de laço. As proeminências estão ancoradas na superfície do Sol, na fotosfera, e estendem-se para fora, para a coroa solar. Enquanto a coroa é constituída por plasma extremamente quente, as proeminências contêm plasma muito mais frio, de composição semelhante à da cromosfera. Formam-se em escalas de tempo de cerca de um dia e podem persistir na coroa durante várias semanas ou meses, percorrendo centenas de milhares de quilómetros no espaço. Algumas proeminências podem dar origem a ejecções de massa coronal. Os cientistas estão atualmente a investigar como e porque se formam as proeminências.

Uma proeminência típica estende-se por muitos milhares de quilómetros; a maior de que há registo foi estimada em mais de 800.000 km (500.000 milhas) de comprimento, aproximadamente um raio solar. Existem vários esquemas diferentes de classificação de proeminências atualmente em uso. Um dos esquemas mais utilizados e básicos classifica as proeminências com base no ambiente magnético em que se formaram. Existem três classes:

• As proeminências de regiões activas, ou filamentos de regiões activas, formam-se nos campos magnéticos relativamente fortes nos centros das regiões activas. As proeminências de regiões activas têm tempos de vida que variam entre horas e dias e entram em erupção mais frequentemente do que as proeminências pertencentes às outras classes. Como consequência de estarem localizadas no interior de regiões activas, as proeminências de regiões activas encontram-se geralmente em latitudes heliográficas baixas. As proeminências intermédias, ou filamentos intermédios, formam-se entre regiões de plage unipolar fraca e regiões activas.

• As proeminências quiescentes, ou filamentos quiescentes, formam-se no fraco campo magnético de fundo, longe de quaisquer regiões activas. Ao contrário das proeminências de regiões activas, as proeminências quiescentes são relativamente estáveis e podem ter tempos de vida que variam de semanas a meses, daí o nome quiescente. As proeminências quiescentes estão normalmente localizadas em latitudes elevadas, em torno da chamada coroa polar. Além disso, as proeminências quiescentes geralmente atingem alturas muito maiores na coroa do que as proeminências da região ativa.

• As proeminências da região ativa e as quiescentes também podem ser diferenciadas pelos seus espectros de emissão. O espetro das proeminências da região ativa é idêntico ao da cromosfera superior, com linhas He II fortes mas linhas metálicas ionizadas muito fracas. Por outro lado, o espetro das proeminências quiescentes é idêntico ao espetro medido a 1.500 km na cromosfera, com fortes linhas de H, He I e metal ionizado, mas linhas de He II fracas.

13.9 Manchas solares

As manchas solares são fenómenos na fotosfera do Sol que aparecem como manchas temporárias que são mais escuras do que as áreas circundantes. São regiões de temperatura superficial reduzida causadas por concentrações de fluxo magnético que inibem a convecção. As manchas solares aparecem dentro de regiões activas, geralmente em pares de polaridade magnética oposta. O seu número varia de acordo com o ciclo solar de aproximadamente 11 anos.

As manchas solares individuais ou grupos de manchas solares podem durar de alguns dias a alguns meses, mas acabam por desaparecer. As manchas solares expandem-se e contraem-se à medida que se deslocam pela superfície do Sol, com diâmetros que variam entre 16 km (10 milhas) e 160.000 km (100.000 milhas). Podem deslocar-se a velocidades relativas, ou movimentos próprios, de algumas centenas de metros por segundo quando surgem pela primeira vez.

Indicando uma intensa atividade magnética, as manchas solares acompanham outros fenómenos de regiões activas, como os laços coronais, as proeminências e os eventos de reconexão. A maior parte das erupções solares e ejecções de massa coronal têm origem nestas regiões magneticamente activas em torno de grupos visíveis de manchas solares. Fenómenos semelhantes observados indiretamente noutras estrelas que não o Sol são normalmente designados por manchas estelares, tendo sido medidas tanto manchas claras como escuras.

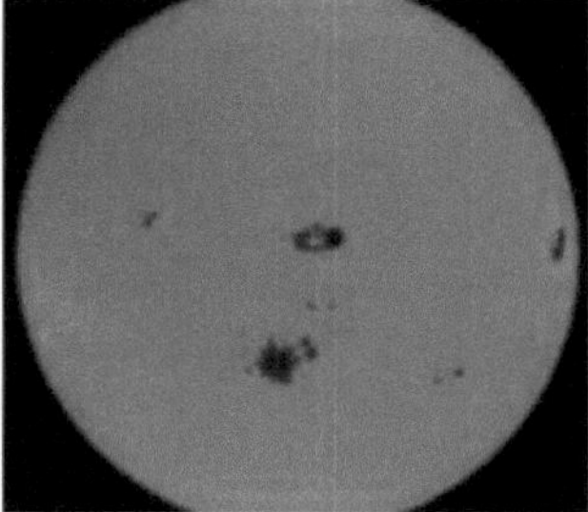

Figure 14 4 O Sol e as manchas solares

As manchas solares têm duas estruturas principais: uma umbra central e uma penumbra circundante. A umbra é a região mais escura de uma mancha solar e é onde o campo magnético é mais forte e aproximadamente vertical, ou normal, à superfície do Sol, ou fotosfera. A umbra pode ser rodeada total ou parcialmente por uma região mais brilhante conhecida como penumbra. A penumbra é composta por estruturas radialmente alongadas conhecidas como filamentos penumbrais e tem um campo magnético mais inclinado do que a umbra. Em grupos de manchas solares, várias umbras podem ser rodeadas por uma penumbra única e contínua.

A temperatura da umbra é de cerca de 3000-4500 K, em contraste com a do material circundante, que é de cerca de 5780 K, deixando as manchas solares claramente visíveis como manchas escuras. Isto deve-se ao facto de a luminância de um corpo negro aquecido (aproximado da fotosfera) a estas temperaturas variar muito com a temperatura. Isolada da fotosfera circundante, uma única mancha solar brilharia mais do que a lua cheia, com uma cor laranja-carmesim. Nalgumas manchas solares em formação e em decomposição, aparecem regiões relativamente estreitas de material brilhante que penetram ou dividem completamente uma umbra. Estas formações, designadas por pontes de luz, têm um campo magnético mais fraco e mais inclinado do que a umbra à mesma altura na fotosfera. Mais acima na fotosfera, o campo magnético da ponte de luz funde-se e torna-se comparável ao da umbra. Também se verificou que a pressão do gás nas pontes de luz domina a pressão magnética, tendo sido detectados movimentos convectivos. O efeito Wilson implica que as manchas solares são depressões na superfície do Sol.

3.10 O 11º ano do ciclo solar

O ciclo solar, também conhecido como ciclo de atividade magnética solar, ciclo de manchas solares ou ciclo de Schwabe, é uma mudança quase periódica de 11 anos na atividade do Sol, medida em termos de variações no número de manchas solares observadas na superfície do Sol. Durante o período de um ciclo solar, os níveis de radiação solar e a ejeção de material solar, o número e o tamanho das manchas solares, as erupções solares e os loops coronais exibem uma flutuação sincronizada de um período de atividade mínima para um período de atividade máxima e de volta para um período de atividade mínima.

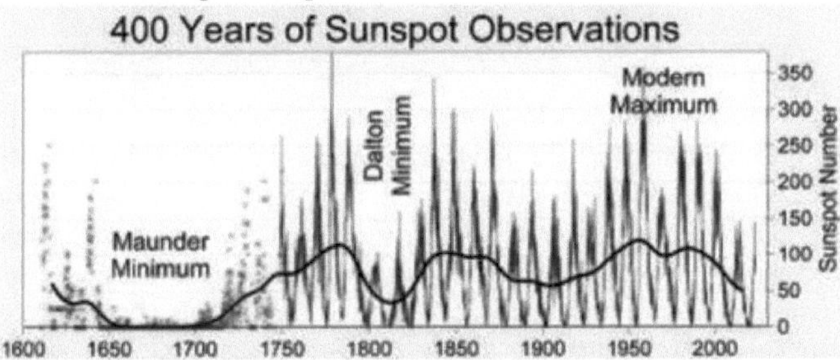

Figura 3.15 Pormenores gráficos das observações das manchas solares

O campo magnético do Sol inverte-se durante cada ciclo solar, com a inversão a ocorrer quando o ciclo solar está próximo do seu máximo. Após dois ciclos solares, o campo magnético do Sol regressa ao seu estado original, completando o que é conhecido como ciclo de Hale. Este ciclo tem sido observado há séculos através de alterações na aparência do Sol e de fenómenos terrestres como as auroras, mas só foi claramente identificado em 1843. A atividade solar, impulsionada tanto pelo ciclo solar como por processos aperiódicos transitórios, rege o ambiente do espaço interplanetário, criando condições meteorológicas espaciais e afectando as tecnologias espaciais e terrestres, bem como a atmosfera da Terra e, possivelmente, as flutuações climáticas a escalas de séculos ou mais.

Compreender e prever o ciclo solar continua a ser um dos grandes desafios da astrofísica, com importantes ramificações para a ciência espacial e para a compreensão dos fenómenos magneto-hidrodinâmicos noutras partes do universo. O atual consenso científico sobre as alterações climáticas é que as variações solares desempenham apenas um papel marginal na que está na origem das alterações climáticas globais, uma vez que a magnitude medida da variação solar recente é muito menor do que o forçamento devido aos gases com efeito de estufa.

3.11 Erupções solares

Um flare é definido como uma variação súbita, rápida e intensa de brilho. Uma erupção solar ocorre quando a energia magnética que se acumulou na atmosfera solar é subitamente libertada. A radiação é emitida em praticamente todo o espetro eletromagnético, desde as ondas de rádio, no extremo do comprimento de onda longo, passando pela emissão ótica, até aos raios X e raios gama, no extremo do comprimento de onda curto. A quantidade de energia libertada é equivalente à explosão simultânea de milhões de bombas de hidrogénio de 100 megatoneladas! A primeira erupção solar registada na literatura astronómica ocorreu em 1 de setembro de 1859. Dois cientistas, Richard C. Carrington e Richard Hodgson, estavam a observar independentemente as manchas solares na altura, quando viram um grande clarão em luz branca.

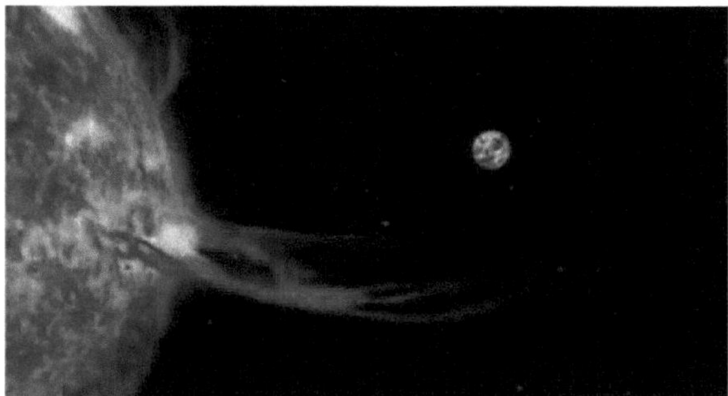

Figura 3.16 Imagem de um clarão solar

À medida que a energia magnética é libertada, as partículas, incluindo electrões, protões e núcleos pesados, são aquecidas e aceleradas na atmosfera solar. A energia libertada durante uma erupção é tipicamente da ordem dos 10^{27} ergs por segundo. As grandes erupções podem emitir até 10^{32} ergs de energia. Esta energia é dez milhões de vezes superior à energia libertada por uma explosão vulcânica. Por outro lado, é menos de um décimo da energia total emitida pelo Sol em cada segundo.

Uma erupção solar tem, normalmente, três fases. A primeira é a fase *precursora*, em que é desencadeada a libertação de energia magnética. Nesta fase, é detectada uma emissão suave de raios X. Na segunda fase, ou fase *impulsiva*, os protões e os electrões são acelerados até energias superiores a 1 MeV. Durante a fase impulsiva, são emitidas ondas de rádio, raios X duros e raios gama. A acumulação gradual e o decaimento dos raios X moles podem ser detectados na terceira fase, o *decaimento*. A duração destas fases pode ser tão curta como alguns segundos ou tão longa como uma hora.

Estendem-se até à camada do Sol chamada coroa. A coroa é a atmosfera mais externa do Sol, constituída por gás altamente rarefeito. Este gás tem normalmente uma temperatura de alguns milhões de graus Kelvin. No interior de uma chama, a temperatura atinge normalmente 10 ou 20 milhões de graus Kelvin, podendo chegar aos 100 milhões de graus Kelvin. A coroa é visível em raios X suaves, como na imagem acima. Repare-se que a coroa não é uniformemente brilhante, mas está concentrada à volta do equador solar em forma de laços. Estes laços brilhantes estão localizados dentro e ligam áreas de forte campo magnético, chamadas *regiões activas*. As manchas solares estão localizadas nestas regiões activas. As erupções solares ocorrem em regiões activas.

A frequência das erupções coincide com o ciclo de onze anos do Sol. Quando o ciclo solar está no mínimo, as regiões activas são pequenas e raras e são detectadas poucas erupções solares. Estas aumentam em número à medida que o Sol se aproxima da parte máxima do seu ciclo. O Sol atingirá o seu próximo máximo no ano 2011, mais ou menos um ano.

Uma pessoa não pode ver uma erupção solar simplesmente olhando para o Sol. (NUNCA OLHAR DIRECTAMENTE PARA O SOL! PODE RESULTAR EM DANOS AOS OLHOS.) As erupções são, de facto, difíceis de ver contra a emissão brilhante da fotosfera. Em vez disso, são utilizados instrumentos científicos especializados para detetar as assinaturas de radiação emitidas durante uma erupção. As emissões radioeléctricas e ópticas das erupções podem ser observadas com telescópios na Terra. As emissões energéticas, como os raios X e os raios gama, requerem telescópios localizados no espaço, uma vez que estas emissões não penetram na atmosfera terrestre.

Uma erupção solar é uma emissão relativamente intensa e localizada de radiação electromagnética na atmosfera do Sol. As erupções ocorrem em regiões activas e são frequentemente, mas nem sempre, acompanhadas por ejecções de massa coronal, eventos de partículas solares e outros fenómenos solares eruptivos. A ocorrência de erupções solares varia com o ciclo solar de 11 anos.

Pensa-se que ocorrem quando a energia magnética armazenada na atmosfera do Sol acelera as partículas carregadas no plasma circundante. Isto resulta na emissão de radiação electromagnética em todo o espetro eletromagnético. A radiação electromagnética de alta energia das erupções solares é absorvida pela parte diurna da atmosfera superior da Terra, em particular a ionosfera, e não atinge a superfície. Esta absorção pode aumentar temporariamente a ionização da ionosfera, o que pode interferir com as comunicações rádio de ondas curtas. A previsão de erupções solares é uma área de investigação ativa. As erupções também ocorrem noutras estrelas, onde se aplica o termo erupção estelar.

CAPÍTULO 4

Evolução estelar

4.1 Diagrama H-R

Um Diagrama HR típico (por exemplo, o das estrelas do aglomerado M55, em baixo) traça um único ponto por estrela para representar a cor e a luminosidade (ou brilho) dessa estrela tal como é observada atualmente. Assim, podemos considerar que um Diagrama HR deste tipo representa um instantâneo de um momento na vida das estrelas representadas. Nesse instante, elas têm essa cor e essa luminosidade.

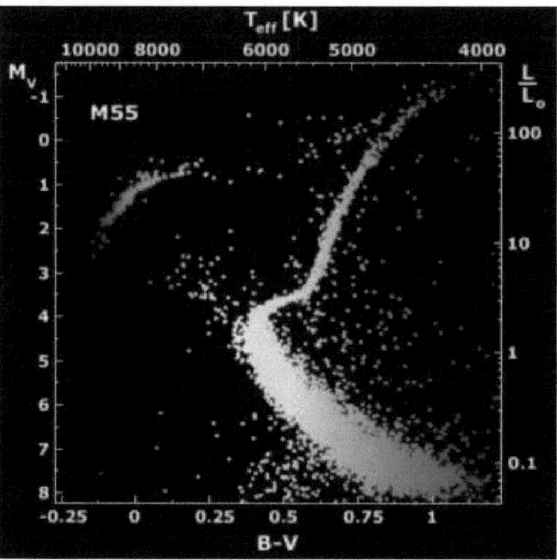

Figura 4.1 M55: Diagrama de Magnitude a Cores

No entanto, também é possível traçar um "rasto" num diagrama HR que representa a forma como a temperatura e a luminosidade de uma estrela mudam ao longo do tempo. Por exemplo, tomemos uma estrela semelhante ao Sol (tipo G) e sigamo-la desde a sua formação até atingir uma idade de cerca de 5 mil milhões de anos (a idade atual do Sol). Durante as fases iniciais do colapso de um aglomerado no interior de uma GMC, o objeto está envolto em gás e poeira e não é visível fora da nuvem.

Quando o objeto tiver colapsado ao ponto de ser considerado uma protoestrela e tiver uma temperatura interna de cerca de 1 milhão de kelvin, estará a irradiar aproximadamente 1.000 vezes a luminosidade atual do Sol! No entanto, as camadas exteriores desta protoestrela são mais frias que o Sol, pelo que o ponto que traçamos no diagrama HR para esta protoestrela está acima e à direita da localização atual do Sol no diagrama (temperatura de cerca de 3.500 K). À medida que a protoestrela continua a contrair-se, as suas camadas exteriores vão aquecer, mas a sua luminosidade vai diminuir.

Assim, o ponto que traçamos para a protoestrela irá mover-se para baixo e para a esquerda (10 luminosidades solares, 4.000 K) à medida que evolui. Durante a fase T Tauri da evolução pré-estelar, a protoestrela irá

Na verdade, as estrelas T Tauri flutuam em brilho; no entanto, em média, as estrelas T Tauri são mais frias e mais fracas do que a sua localização final no diagrama HR (0,7 luminosidades solares, 4.500 K). Finalmente, quando a estrela está a fundir Hidrogénio e atingiu o equilíbrio, estará na Sequência Principal com uma temperatura de 6,000 K e uma luminosidade de 1 luminosidade solar. A partir do momento em que a estrela atinge o equilíbrio até esgotar o seu hidrogénio, permanece na Sequência Principal. A linha vermelha/laranja/amarela na imagem abaixo é o trajeto pré-Sequência Principal para uma estrela G.

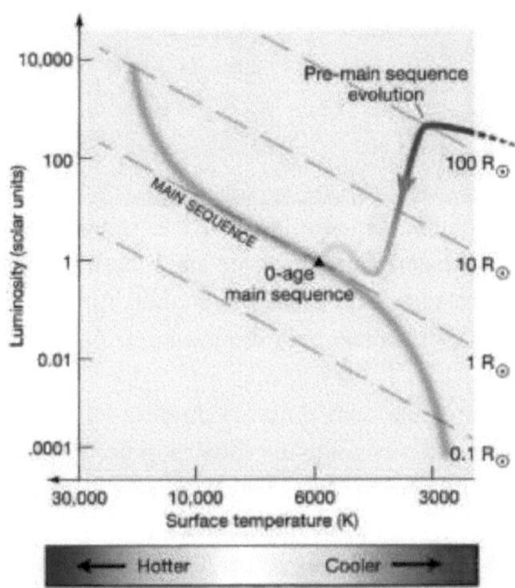

Figura 4.2 O percurso evolutivo do Sol até à idade zero da Sequência Principal

4.1.1 Nascimento e morte da baixa massa

Os melhores modelos sustentam que as fases finais da evolução estelar dependem criticamente da massa da estrela. Regra geral, as estrelas de baixa massa morrem suavemente, enquanto as estrelas de alta massa morrem violentamente. A linha divisória entre estes dois resultados muito diferentes situa-se em torno de 8 vezes a massa do Sol.

4.1.2 Estrelas de massa intermédia e massivas - Formação estelar

1. Protostar:

A evolução estelar começa com o colapso gravitacional de uma nuvem molecular gigante. As nuvens moleculares gigantes típicas têm cerca de 100 anos-luz ($9,5 \times 10^{14}$ km) de diâmetro e contêm até 6.000.000 de massas solares ($1,2 \times 10^{37}$ kg). À medida que colapsa, uma nuvem molecular gigante parte-se em pedaços cada vez mais pequenos. Em cada um destes fragmentos, o gás em colapso liberta energia potencial gravitacional sob a forma de calor. À medida que a sua temperatura e pressão aumentam, um fragmento condensa-se numa bola rotativa de gás superaquecido, conhecida como protoestrela. As estruturas filamentosas são verdadeiramente omnipresentes na nuvem molecular.

Os filamentos moleculares densos fragmentar-se-ão em núcleos gravitacionais, que são os precursores das estrelas. A acreção contínua de gás, a curvatura geométrica e os campos magnéticos podem controlar a forma detalhada de fragmentação dos filamentos. Em filamentos supercríticos, as observações revelaram cadeias quase periódicas de núcleos densos com espaçamento comparável à largura interna do filamento, e duas protoestrelas incorporadas com fluxos de gás.

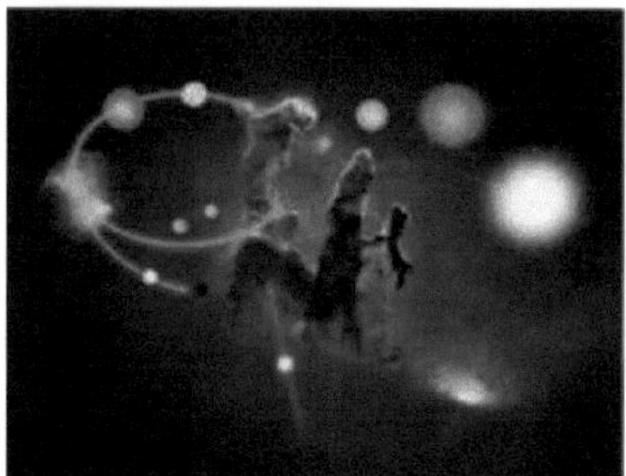

Figura 4.3 Evolução das estrelas de massa intermédia e massivas

Uma protoestrela continua a crescer por acreção de gás e poeira da nuvem molecular, tornando-se uma estrela da pré-sequência principal quando atinge a sua massa final. O desenvolvimento posterior é determinado pela sua massa.

A massa é normalmente comparada com a massa do Sol: 1.0 M, (2.0× 10^3 0 kg) significa 1 massa solar. As protoestrelas estão envoltas em poeira, pelo que são mais facilmente visíveis em comprimentos de onda infravermelhos. As observações do Wide-field Infrared Survey Explorer (WISE) têm sido especialmente importantes para revelar numerosas protoestrelas galácticas e os seus enxames de estrelas progenitores.

2. Estrelas maduras:

Eventualmente, o núcleo da estrela esgota o seu fornecimento de hidrogénio e a estrela começa a evoluir para fora da sequência principal. Sem a pressão da radiação exterior gerada pela fusão do hidrogénio para contrariar a força da gravidade, o núcleo contrai-se até que a pressão de degenerescência dos electrões se torne suficiente para se opor à gravidade ou até que o núcleo se torne suficientemente quente (cerca de 100 MK) para que se inicie a fusão do hélio. A primeira destas situações depende da massa da estrela.

3. Estrelas de baixa massa:

O que acontece depois de uma estrela de baixa massa deixar de produzir energia através da fusão ainda não foi diretamente observado; o Universo tem cerca de 13,8 mil milhões de anos, o que é menos tempo (por várias ordens de grandeza, em alguns casos) do que é necessário para que a fusão cesse nessas estrelas.

Modelos astrofísicos recentes sugerem que as anãs vermelhas de 0,1 $M_\odot$ podem permanecer na sequência principal durante cerca de seis a doze biliões de anos, aumentando gradualmente tanto a temperatura como a luminosidade, e demorar mais algumas centenas de milhares de milhões de anos a colapsar, lentamente, numa anã branca. Essas estrelas não se tornarão gigantes vermelhas, pois toda a estrela é uma zona de convecção e não desenvolverá um núcleo de hélio degenerado com uma concha que queima hidrogénio. Em vez disso, a fusão do hidrogénio prosseguirá até que quase toda a estrela seja hélio.

Estrelas ligeiramente mais maciças expandem-se em gigantes vermelhas, mas os seus núcleos de hélio não são suficientemente maciços para atingir as temperaturas necessárias para a fusão de hélio, pelo que nunca chegam a atingir a ponta do ramo das gigantes vermelhas. Quando a queima da camada de hidrogénio termina, estas estrelas saem diretamente do ramo das gigantes vermelhas como uma estrela pós-assintótica do ramo gigante (AGB), mas com uma luminosidade mais baixa, para se tornarem anãs brancas. Uma estrela com uma massa inicial de cerca de 0,6 $M_\odot$ será capaz de atingir temperaturas suficientemente altas para fundir hélio, e estas estrelas de "tamanho médio" passam a outros estádios de evolução para além do ramo das gigantes vermelhas.

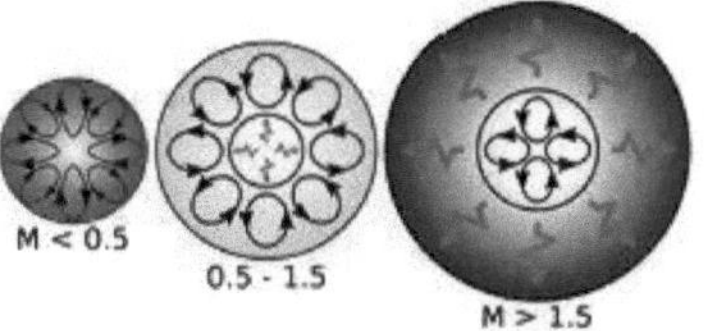

Figura 4.4 Estrelas de sequência principal

Estruturas internas de **estrelas da sequência principal**, zonas de convecção com ciclos assinalados com setas e zonas radiativas com flashes vermelhos. À esquerda, uma **anã vermelha** de baixa massa, ao centro uma estrela de média
e à direita uma estrela maciça azul-branca da sequência principal.

4. Estrelas de média dimensão:

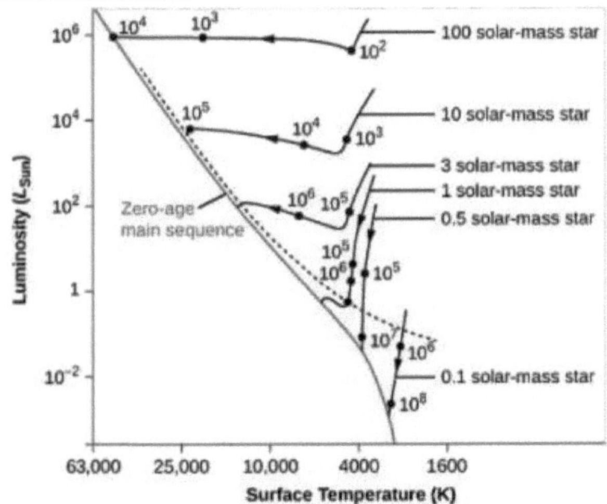

Figura 4.5 Diagrama H-R e estudo da evolução estelar

O trajeto evolutivo de uma estrela de massa solar e metalicidade solar, desde a sequência principal até ao pós-AGB, é mostrado na figura acima. Estrelas com cerca de 0,6-10 M☉ tornam-se gigantes vermelhas, que são grandes estrelas não pertencentes à sequência principal com classificação estelar K ou M. As gigantes vermelhas situam-se no bordo direito do diagrama de Hertzsprung-Russell devido à sua cor vermelha e grande luminosidade. Exemplos incluem Aldebaran na constelação de Touro e Arcturus na constelação de Boötes.

As estrelas de tamanho médio são gigantes vermelhas durante duas fases diferentes da sua evolução pós-sequência principal: estrelas do ramo vermelho-gigante, com núcleos inertes feitos de hélio e conchas de queima de hidrogénio, e estrelas do ramo assintótico-gigante, com núcleos inertes feitos de carbono e conchas de queima de hélio dentro das conchas de queima de hidrogénio. Entre estas duas fases, as estrelas passam um período no ramo horizontal com um núcleo de fusão de hélio. Muitas destas estrelas fundidoras de hélio agrupam-se na extremidade fria do ramo horizontal como gigantes do tipo K e são referidas como gigantes do ramo vermelho.

5. Estrelas maciças:

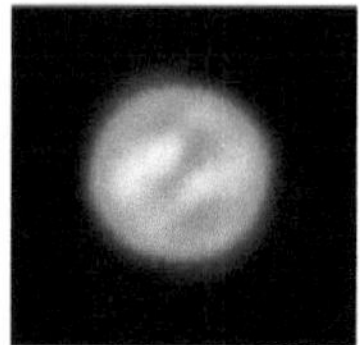

Figura 4.6 Imagem reconstruída de **Antares**, uma supergigante vermelha

Nas estrelas maciças, o núcleo já é suficientemente grande no início da combustão do hidrogénio para que a ignição do hélio ocorra antes que a pressão de degenerescência dos electrões tenha oportunidade de se tornar predominante. Assim, quando estas estrelas se expandem e arrefecem, não brilham tão dramaticamente como as estrelas de massa mais baixa; no entanto, eram mais luminosas na sequência principal e evoluem para supergigantes altamente luminosas. Os seus núcleos tornam-se suficientemente maciços para não se sustentarem por degenerescência eletrónica e acabam por colapsar, dando origem a uma estrela de neutrões ou a um buraco negro.

6. Evolução das supergigantes:

Estrelas extremamente maciças (mais de aproximadamente 40 M☉), que são muito luminosas e, portanto, têm ventos estelares muito rápidos, perdem massa tão rapidamente devido à pressão da radiação que tendem a despir os seus próprios envelopes antes de poderem expandir-se para se tornarem supergigantes vermelhas e, portanto, mantêm temperaturas superficiais extremamente altas (e cor branco-azulada) a partir do seu tempo de sequência principal. As maiores estrelas da atual geração têm cerca de 100-150 M☉ porque as camadas exteriores seriam expulsas pela radiação extrema.

Embora as estrelas de massa mais baixa não queimem normalmente as suas camadas exteriores tão rapidamente, podem também evitar tornar-se gigantes vermelhas ou supergigantes vermelhas se estiverem em sistemas binários suficientemente próximos para que a estrela companheira retire o invólucro à medida que se expande, ou se rodarem suficientemente depressa para que a convecção se estenda desde o núcleo até à superfície, resultando na ausência de um núcleo e de um invólucro separados devido a uma mistura completa.

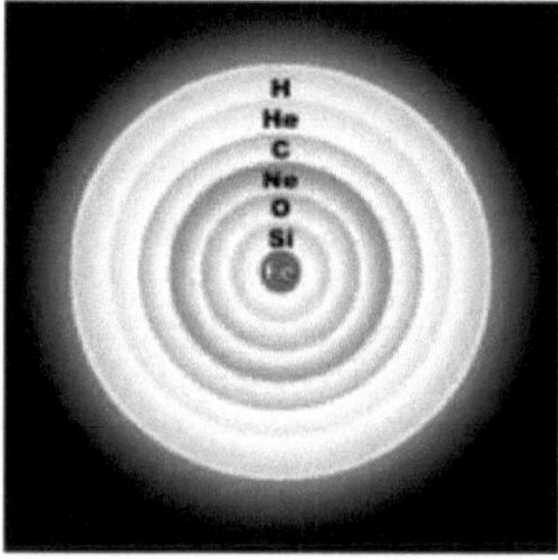

Figura 4.7 As camadas em forma de cebola de uma estrela maciça e evoluída imediatamente antes do colapso do núcleo

O núcleo de uma estrela maciça, definido como a região empobrecida em hidrogénio, torna-se cada vez mais quente e denso à medida que acrescenta material proveniente da fusão de hidrogénio fora do núcleo. Em estrelas suficientemente maciças, o núcleo atinge temperaturas e densidades suficientemente elevadas para fundir carbono e elementos mais pesados através do processo alfa. No final da fusão do hélio, o núcleo de uma estrela é constituído principalmente por carbono e oxigénio.

Em estrelas mais pesadas que cerca de 8 M☉, o carbono inflama-se e funde-se para formar néon, sódio e magnésio. Estrelas um pouco menos massivas podem inflamar parcialmente o carbono, mas são incapazes de fundir completamente o carbono antes que a degenerescência eletrónica se instale, e estas estrelas acabarão por deixar uma anã branca de oxigénio-neon-magnésio.

O limite exato de massa para a combustão completa de carbono depende de vários factores, tais como a metalicidade e a massa detalhada perdida no ramo gigante assintótico, mas é de aproximadamente 8-9 M☉. Após a combustão completa de carbono, o núcleo destas estrelas atinge cerca de 2,5 M☉ e torna-se suficientemente quente para a fusão de elementos mais pesados. Antes do oxigénio começar a fundir-se, o néon começa a capturar electrões, o que desencadeia a combustão do néon. Para uma gama de estrelas de aproximadamente 8-12 M☉, este processo é instável e cria uma fusão descontrolada que resulta numa supernova de captura de electrões.

Nas estrelas mais maciças, a fusão do néon prossegue sem uma deflagração descontrolada. A isto segue-se a combustão completa do oxigénio e do silício, produzindo um núcleo constituído em grande parte por elementos com pico de ferro. À volta do núcleo existem camadas de elementos mais leves ainda em processo de fusão. A escala de tempo para a fusão completa de um núcleo de carbono num núcleo de ferro é tão curta, apenas algumas centenas de anos, que as camadas exteriores da estrela são incapazes de reagir e o aspeto da estrela permanece praticamente inalterado. O núcleo de ferro cresce até atingir uma massa de *Chandrasekhar efectiva*, mais elevada do que a massa de Chandrasekhar formal devido a várias correcções para os efeitos relativistas, entropia, carga e o envelope circundante. A massa de Chandrasekhar efectiva para um núcleo de ferro varia entre cerca de 1,34 M☉ nas supergigantes vermelhas menos massivas e mais de 1,8 M☉ nas estrelas mais massivas. Quando esta massa é atingida, os electrões começam a ser capturados nos núcleos de ferro e o núcleo torna-se incapaz de se sustentar. O núcleo entra em colapso e a estrela é destruída, seja numa supernova ou no colapso direto para um buraco negro.

4.2 Limite de Chandrasekar

O limite de Chandrasekhar é a massa máxima de uma estrela anã branca estável. O valor atualmente aceite do limite de Chandrasekhar é de cerca de 1,4 M☉ ($2,765 \times 10^{30}$ kg). As anãs brancas resistem ao colapso gravitacional principalmente através da pressão de degenerescência eletrónica, em comparação com as estrelas da sequência principal, que resistem ao colapso através da pressão térmica. O limite de Chandrasekhar é a massa acima da qual a pressão de degenerescência eletrónica no núcleo da estrela é insuficiente para equilibrar a auto-atração gravitacional da própria estrela.

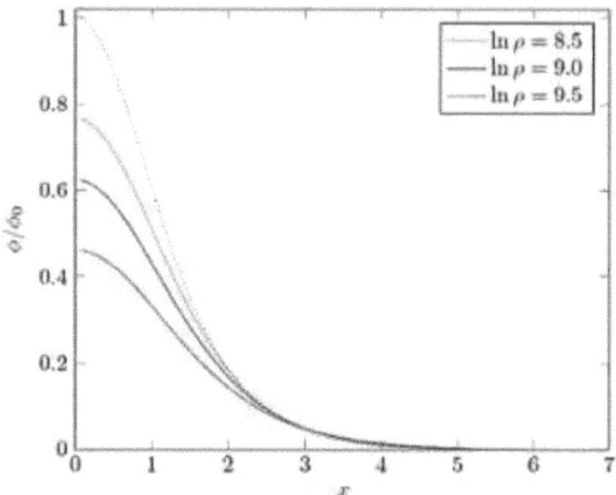

Figura 4.8 Limite de Massa de Chandrasekhar de Anãs Brancas em Gravidade Modificada

Consequentemente, uma anã branca com uma massa superior ao limite está sujeita a um novo colapso gravitacional, evoluindo para um tipo diferente de remanescente estelar, como uma estrela de neutrões ou um buraco negro. As anãs brancas com massas até ao limite de Chandrasekhar permanecem estáveis. O limite de Tolman-Oppenheimer-Volkoff é teoricamente o nível seguinte a atingir para que uma estrela de neutrões possa colapsar numa forma mais densa, como um buraco negro. Este limite foi designado por

em homenagem a Subrahmanyan Chandrasekhar. Chandrasekhar melhorou a precisão do cálculo em 1930, calculando o limite para um modelo politrópico de uma estrela em equilíbrio hidrostático e comparando o seu limite com o limite anterior encontrado por E. C. Stoner para uma estrela de densidade uniforme.

É importante notar que a existência de um limite, baseado na descoberta concetual da combinação da relatividade com a degenerescência de Fermi, foi de facto estabelecida pela primeira vez em artigos separados publicados por Wilhelm Anderson e E. C. Stoner em 1929. O limite foi inicialmente ignorado pela comunidade de cientistas porque tal limite exigiria logicamente a existência de buracos negros, que eram considerados uma impossibilidade científica na altura. O facto de os papéis de Stoner e Anderson serem frequentemente ignorados na comunidade astronómica tem sido notado.

A disputa de prioridade foi amplamente discutida por Virginia Trimble: "Chandrasekhar fez o seu cálculo crítico a bordo de um navio em 1930 e, na altura, não tinha conhecimento dos trabalhos de Stoner nem de Anderson. O seu trabalho era, portanto, independente, mas, mais importante, adoptou os politrópicos de Eddington para os seus modelos, que podiam, portanto, estar em equilíbrio hidrostático, o que as estrelas de densidade constante não podem, e as verdadeiras devem estar."

4.2.1 Litígio Chandrasekhar-Eddington

Os trabalhos de Chandrasekhar sobre o limite suscitaram controvérsia, devido à oposição do astrofísico britânico astrofísico britânico Arthur Eddington. Eddington estava ciente de que a existência dede buracos buracos negros era teoricamente possível, e também percebeu que a existência do limite tornava possível a sua formação. No entanto, não estava disposto a aceitar que isso pudesse acontecer. Depois de uma palestra de Chandrasekhar sobre o limite em 1935, ele respondeu:

A estrela tem de continuar a irradiar e a irradiar e a contrair-se e a contrair-se até, suponho, chegar a um raio de alguns quilómetros, quando a gravidade se torna suficientemente forte para conter a radiação e a estrela pode finalmente encontrar a paz .
impedir uma estrela de se comportar desta forma absurda!
A solução proposta por Eddington para este problema consistia em modificar a mecânica relativista *de modo* a tornar a lei $P = K_1 \rho^{5/3}$ universalmente aplicável, mesmo para grandes ρ. Embora Niels Bohr, Fowler, Wolfgang Pauli e outros físicos concordassem com a análise de Chandrasekhar, na altura, devido ao estatuto de Eddington, não estavam dispostos a apoiar publicamente Chandrasekhar. Durante o resto da sua vida, Eddington manteve a sua posição nos seus escritos, incluindo o trabalho sobre a sua teoria fundamental. O drama associado a este desacordo é um dos temas principais de *Empire of the Stars*, a biografia de Arthur I. Miller sobre Chandrasekhar.

4.2.2 Na perspetiva de Miller

A descoberta de Chandra poderia muito bem ter transformado e acelerado o desenvolvimento da física e da astrofísica na década de 1930. Em vez disso, a intervenção pesada de Eddington deu um apoio de peso aos astrofísicos conservadores da comunidade, que se recusaram firmemente a considerar a ideia de que as estrelas poderiam colapsar até ao nada. Como resultado, o trabalho de Chandra foi quase esquecido. No entanto, em 1983, em reconhecimento do seu trabalho, Chandrasekhar partilhou o prémio Nobel "pelos seus estudos teóricos dos processos físicos importantes para a estrutura e evolução das estrelas" com William Alfred Fowler.

4.3 Anãs brancas

Para uma estrela de $1M_{\odot}$, a anã branca resultante é de cerca de 0,6 $M_{\odot}$, comprimida em aproximadamente o volume da Terra. As anãs brancas são estáveis porque a força da gravidade é equilibrada pela pressão de degenerescência dos electrões da estrela, uma consequência do Princípio de Exclusão de Pauli. A pressão de degenerescência dos electrões constitui um limite bastante suave contra uma maior compressão; assim, para uma dada composição química, as anãs brancas de maior massa têm um volume menor. Sem combustível para queimar, a estrela irradia o calor que lhe resta para o espaço durante milhares de milhões de anos.

Figura 4.9 Uma anã branca a viver no limite

Uma anã branca é muito quente quando se forma, mais de 100.000 K à superfície e ainda mais quente no seu interior. É tão quente que muita da sua energia se perde sob a forma de neutrinos durante os primeiros 10 milhões de anos da sua existência e terá perdido a maior parte da sua energia ao fim de mil milhões de anos.

A composição química da anã branca depende da sua massa. Uma estrela com uma massa de cerca de 8 a 12 massas solares vai iniciar a fusão do carbono para formar magnésio, néon e pequenas quantidades de outros elementos, resultando numa anã branca composta principalmente de oxigénio, néon e magnésio, desde que possa perder massa suficiente para ficar abaixo do limite de Chandrasekhar (ver abaixo) e desde que a ignição do carbono não seja tão violenta que faça a estrela explodir numa supernova. Uma estrela com uma massa da ordem de grandeza do Sol será incapaz de iniciar a fusão do carbono e produzirá uma anã branca composta principalmente por carbono e oxigénio e com uma massa demasiado baixa para entrar em colapso, a menos que lhe seja adicionada matéria mais tarde (ver abaixo). Uma estrela com menos de metade da massa do Sol será incapaz de iniciar a fusão do hélio (como referido anteriormente), e produzirá uma anã branca composta principalmente por hélio.

Se a massa da anã branca aumenta acima do limite de Chandrasekhar, que é de 1,4 $M_\odot$ para uma anã branca composta principalmente por carbono, oxigénio, néon e/ou magnésio, então a pressão de degenerescência eletrónica falha devido à captura de electrões e a estrela entra em colapso. Dependendo da composição química e da temperatura pré-colapso no centro, isto levará ou ao colapso numa estrela de neutrões ou à ignição descontrolada do carbono e do oxigénio.

Os elementos mais pesados favorecem a continuação do colapso do núcleo, porque requerem uma temperatura mais elevada para se inflamarem, uma vez que a captura de electrões nestes elementos e nos seus produtos de fusão é mais fácil; as temperaturas mais elevadas do núcleo favorecem uma reação nuclear descontrolada, que interrompe o colapso do núcleo e conduz a uma supernova de Tipo Ia. Estas supernovas podem ser muitas vezes mais brilhantes do que a supernova de Tipo II que assinala a morte de uma estrela maciça, apesar de esta última ter uma maior libertação total de energia. Esta instabilidade ao colapso significa que nenhuma anã branca mais massiva do que aproximadamente 1,4 $M_\odot$ pode existir (com uma possível pequena exceção para anãs brancas que giram muito rapidamente, cuja força centrífuga devido à rotação neutraliza parcialmente o peso da sua matéria). A transferência de massa num sistema binário pode fazer com que uma anã branca inicialmente estável ultrapasse o limite de Chandrasekhar.

Se uma anã branca formar um sistema binário próximo com outra estrela, o hidrogénio da companheira maior pode acumular-se à volta e sobre a anã branca até ficar suficientemente quente para se fundir numa reação descontrolada à sua superfície, embora a anã branca permaneça abaixo do limite de Chandrasekhar. Uma tal explosão é designada por nova.

4.4 Estrelas de neutrões

Normalmente, os átomos são na sua maioria nuvens de electrões por volume, com núcleos muito compactos no centro (proporcionalmente, se os átomos fossem do tamanho de um estádio de futebol, os seus núcleos seriam do tamanho de ácaros). Quando um núcleo estelar entra em colapso, a pressão faz com que os electrões e os protões se fundam por captura de electrões. Sem os electrões, que mantêm os núcleos separados, os neutrões colapsam numa bola densa (de certa forma semelhante a um núcleo atómico gigante), com uma fina camada de matéria degenerada (principalmente ferro, a não ser que mais tarde seja adicionada matéria de composição diferente). Os neutrões resistem a mais compressão pelo princípio de exclusão de Pauli, de uma forma análoga à pressão de degenerescência dos electrões, mas mais forte.

Estas estrelas, conhecidas como estrelas de neutrões, são extremamente pequenas - da ordem dos 10 km de raio, não maiores do que o tamanho de uma grande cidade - e são fenomenalmente densas. O seu período de rotação diminui drasticamente à medida que as estrelas encolhem (devido à conservação do momento angular); os períodos de rotação observados nas estrelas de neutrões variam entre cerca de 1,5 milissegundos (mais de 600 rotações por segundo) e vários segundos.

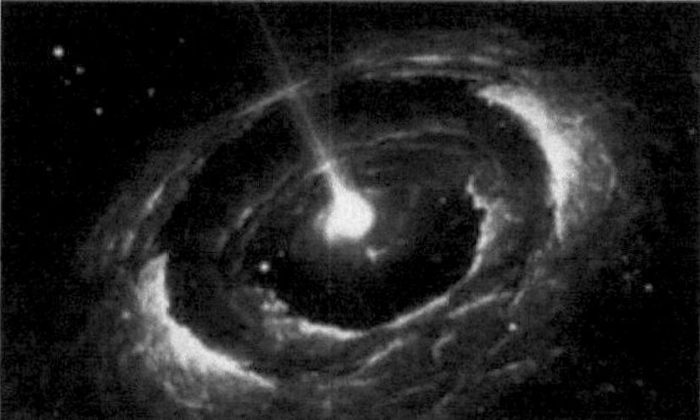

Figura 4.10 Estrelas de neutrões

Quando os pólos magnéticos destas estrelas em rotação rápida estão alinhados com a Terra, detectamos um impulso de radiação em cada revolução. Estas estrelas de neutrões são chamadas pulsares e foram as primeiras estrelas de neutrões a serem descobertas. Embora a radiação electromagnética detectada nos pulsares seja mais frequentemente na forma de ondas de rádio, os pulsares também foram detectados nos comprimentos de onda do visível, dos raios X e dos raios gama.

4.5 Pulsares

Os pulsares são estrelas de neutrões magnéticas em rotação, criadas durante colapsos catastróficos de estrelas antigas cujo combustível nuclear se esgotou há muito. O tamanho máximo dos pulsares, baseado no período de rotação mais rápido de 33 mseg, não pode exceder 100 km. A estrela mais densa que a teoria prevê é a estrela de neutrões. O seu diâmetro é de apenas 10 km.

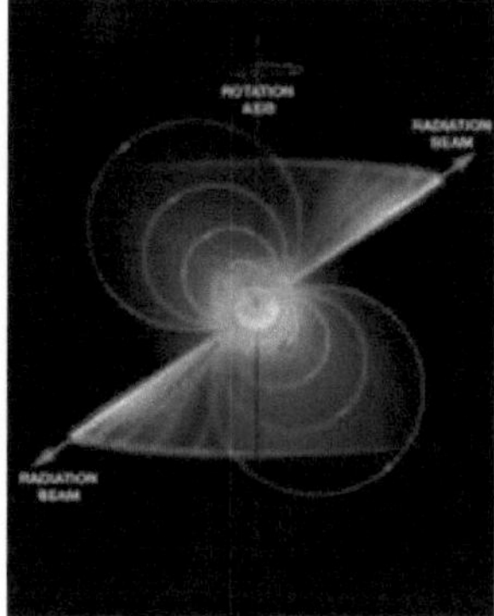

Figura 4.11 Partes do Pulsar

Os processos que produzem radiação a partir de pulsares são discutidos, dando atenção a um processo semelhante àquele pelo qual um klystron opera e a um processo baseado num mecanismo maser. A descoberta de um tipo raro de sistema estelar de anãs brancas fornece novos conhecimentos sobre a evolução estelar. As anãs brancas são estrelas pequenas e densas, tipicamente do tamanho de um planeta. Formam-se quando uma estrela de baixa massa queima todo o seu combustível, perdendo as suas camadas exteríores. Por vezes referidas como "fósseis estelares", oferecem uma visão sobre diferentes aspectos da formação e evolução estelar.

Um tipo raro de pulsar anão branco foi descoberto pela segunda vez, numa investigação liderada pela Universidade de Warwick. Os pulsares de anãs brancas incluem um remanescente estelar que gira rapidamente e se queima, chamado anã branca, que açoita a sua vizinha - uma anã vermelha - com poderosos feixes de partículas eléctricas e radiação, fazendo com que todo o sistema brilhe e desvaneça dramaticamente em intervalos regulares. Isto deve-se a fortes campos magnéticos, mas os cientistas não sabem ao certo o que os provoca.

4.6 Buracos negros

Se a massa do remanescente estelar for suficientemente elevada, a pressão de degenerescência dos neutrões será insuficiente para evitar o colapso abaixo do raio de Schwarzschild. O remanescente estelar torna-se assim um buraco negro. A massa para a qual isto ocorre não é conhecida com certeza, mas é atualmente estimada entre 2 e 3 $M_\odot$.

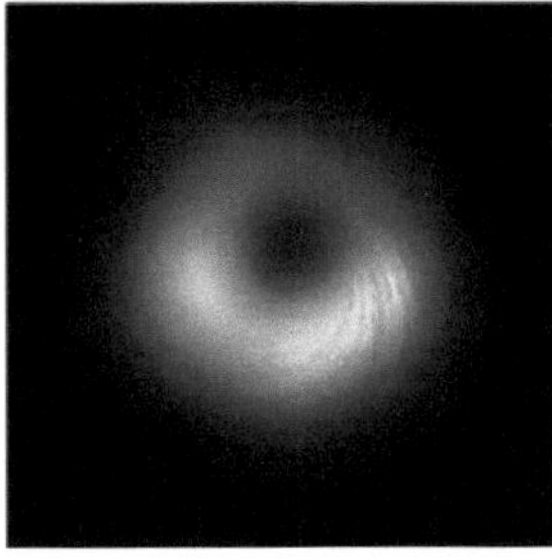

Figura 4.12 Captura foto de buracos negros

Os buracos negros são previstos pela teoria da relatividade geral. De acordo com a relatividade geral clássica, nenhuma matéria ou informação pode fluir do interior de um buraco negro para um observador exterior, embora os efeitos quânticos possam permitir desvios a esta regra estrita. A existência de buracos negros no Universo é bem suportada, tanto teoricamente como pela observação astronómica.

Como o mecanismo de colapso do núcleo de uma supernova é, atualmente, apenas parcialmente compreendido, ainda não se sabe se é possível uma estrela colapsar diretamente para um buraco negro sem produzir uma supernova visível, ou se algumas supernovas formam inicialmente estrelas de neutrões instáveis que depois colapsam em buracos negros; a relação exacta entre a massa inicial da estrela e o remanescente final também não é completamente certa. A resolução destas incertezas exige a análise de mais supernovas e remanescentes de supernovas.

4.7 Supernovas

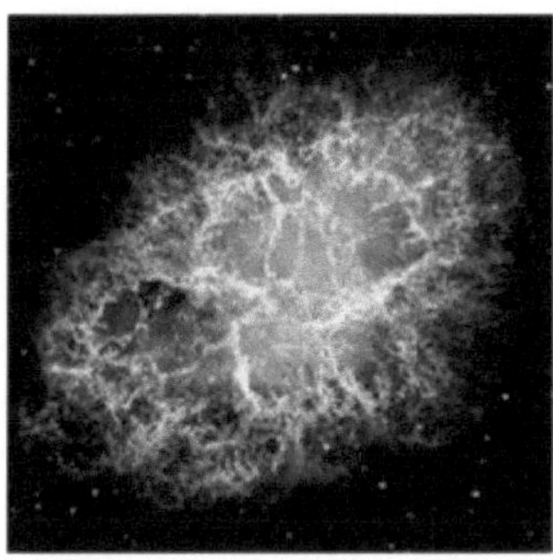

Figura 4.13 A Nebulosa do Caranguejo, os restos fragmentados de uma estrela que explodiu como uma
supernova visível em 1054 d.C.

Quando o núcleo de uma estrela maciça colapsa, forma uma estrela de neutrões ou, no caso de núcleos que excedem o limite de Tolman-Oppenheimer-Volkoff, um buraco negro. Através de um processo que não é completamente compreendido, alguma da energia potencial gravitacional libertada por este colapso do núcleo é convertida numa supernova de Tipo Ib, Tipo Ic ou Tipo II. Sabe-se que o colapso do núcleo produz uma enorme onda de neutrinos, tal como observado na supernova SN 1987A.

Os neutrinos extremamente energéticos fragmentam alguns núcleos; parte da sua energia é consumida na libertação de nucleões, incluindo neutrões, e parte da sua energia é transformada em calor e energia cinética, aumentando assim a onda de choque iniciada pelo ricochete de parte da matéria em queda proveniente do colapso do núcleo. A captura de electrões em partes muito densas da matéria em queda pode produzir neutrões adicionais. Como parte da matéria em ricochete é bombardeada pelos neutrões, alguns dos seus núcleos captam-nos, criando um espetro de material mais pesado do que o ferro, incluindo os elementos radioactivos até (e provavelmente para além) do urânio.

Embora as gigantes vermelhas que não explodem possam produzir quantidades significativas de elementos mais pesados do que o ferro usando neutrões libertados em reacções laterais de reacções nucleares anteriores, a abundância de elementos mais pesados do que o ferro (e, em particular, de certos isótopos de elementos que têm múltiplos isótopos estáveis ou de longa duração) produzidos nessas reacções é bastante diferente da produzida numa supernova. Nenhuma destas abundâncias corresponde à encontrada no Sistema Solar, pelo que tanto as supernovas como a ejeção de elementos das gigantes vermelhas são necessárias para explicar a abundância observada de elementos pesados e respectivos isótopos.

A energia transferida do colapso do núcleo para o material em ricochete não só gera elementos pesados, como também permite a sua aceleração muito para além da velocidade de escape, causando assim uma supernova de Tipo Ib, Tipo Ic ou Tipo II. A compreensão atual desta transferência de energia ainda não é satisfatória; embora os modelos informáticos actuais das supernovas de Tipo Ib, Tipo Ic e Tipo II tenham em conta parte da transferência de energia, não são capazes de explicar a transferência de energia suficiente para produzir a ejeção de material observada.

No entanto, as oscilações dos neutrinos podem desempenhar um papel importante no problema da transferência de energia, uma vez que não só afectam a energia disponível num determinado tipo de neutrinos, mas também através de outros efeitos relativistas gerais sobre os neutrinos. Alguns indícios obtidos a partir da análise da massa e dos parâmetros orbitais de estrelas de neutrões binárias (que requerem duas supernovas deste tipo) sugerem que o colapso de um núcleo de oxigénio-neon-magnésio pode produzir uma supernova que difere observavelmente (noutros aspectos para além do tamanho) de uma supernova produzida pelo colapso de um núcleo de ferro.

As estrelas mais maciças que existem atualmente podem ser completamente destruídas por uma supernova com uma energia muito superior à sua energia de ligação gravitacional. Este acontecimento raro, causado pela instabilidade do par , não deixa qualquer vestígio de buraco negro. Na história passada do Universo, algumas estrelas eram ainda maiores do que as maiores que existem atualmente, e colapsavam imediatamente num buraco negro no fim das suas vidas, devido à fotodesintegração.

4.8 Galáxias

Uma galáxia é um conglomerado maciço de estrelas, restos estelares, gases interestelares, poeira e matéria escura, mantidos juntos por forças gravitacionais. Existem provavelmente mais de 170 mil milhões ($1,7 \times 1011$) de galáxias no Universo observável.

Figura 4.14 Galáxia

As galáxias variam de anãs com apenas dez milhões de estrelas a gigantes com centenas de triliões de estrelas que orbitam um centro de massa comum.

O seu diâmetro varia entre alguns milhares de anos-luz e várias centenas de milhares de anos-luz e, tipicamente, estão separados por milhões de anos-luz.

As galáxias estão distribuídas de forma desigual no espaço. Algumas não têm vizinhos próximos, enquanto outras ocorrem em pares que orbitam entre si.

A maioria das galáxias encontra-se em aglomerados, que podem conter desde algumas dezenas a vários milhares de membros. Os aglomerados de galáxias podem agrupar-se em estruturas ainda maiores, chamadas superaglomerados.

* *Galáxias Elípticas:*

As galáxias elípticas constituem cerca de metade da população de galáxias. Têm uma distribuição de luz suave e sem características e aparecem com uma forma elíptica nas imagens fotográficas. No seu interior existe muito pouca formação estelar. Encontram-se perto do centro de enxames de galáxias ricos. São pobres em gás.

* *Galáxias em espiral:*

A outra metade da população de galáxias tem braços em espiral. A formação ativa de estrelas pode ser encontrada nas galáxias espirais. Muito mais isoladas do que as galáxias elípticas. As faixas de poeira nos braços espirais são criadas por gerações anteriores de estrelas que morreram e semearam a galáxia com material estelar. São ricas em gás.

- ***Espirais barradas:***

Os braços das galáxias espirais barradas não se torcem até ao centro. Os braços espirais estão ligados às extremidades de características rectas tipo "barra". Pensa-se que as galáxias espirais barradas têm um mecanismo que canaliza o gás para o centro da galáxia, possivelmente para um buraco negro super maciço.

- ***Galáxias Lenticulares:***

As galáxias lenticulares, assim chamadas devido à sua morfologia em forma de lente, são uma fase intermédia entre as galáxias espirais e as galáxias elípticas. Tal como as galáxias espirais, têm a forma de um disco com um grande bojo central, mas não têm braços espirais discerníveis. Têm menos matéria interestelar do que as galáxias espirais e, tal como as galáxias elípticas, têm pouca formação estelar em curso, sendo maioritariamente constituídas por estrelas envelhecidas.

- ***Galáxias Irregulares:***

Algumas galáxias não têm uma forma regular. As galáxias podem por vezes interagir umas com as outras. A ação gravitacional resultante deforma a morfologia da galáxia. Galáxias como estas são ditas galáxias irregulares.

- ***Galáxias anãs:***

Todos os diferentes tipos de galáxias podem também ser classificadas como anãs. Se a galáxia for uma versão anã, o esquema de classificação utiliza um "d" minúsculo à frente do resto da classificação.

4.9 Aglomerados de galáxias

Um enxame de galáxias, ou um aglomerado de galáxias, é uma estrutura que consiste em centenas a milhares de galáxias ligadas entre si pela gravidade, com massas típicas que variam entre 10^{14} e 10^{15} massas solares. São as segundas maiores estruturas gravitacionais conhecidas no Universo, depois de alguns superaglomerados (dos quais apenas um, o Superaglomerado de Shapley, é conhecido por estar ligado). Acreditava-se que eram as maiores estruturas conhecidas no Universo até à década de 1980, altura em que foram descobertos os superaglomerados. Uma das principais características dos aglomerados é o meio intra-aglomerado (ICM).

Figura 4.15 Aglomerados de galáxias

O ICM consiste em gás aquecido entre as galáxias e tem uma temperatura de pico entre 215 keV que depende da massa total do aglomerado. Os aglomerados de galáxias não devem ser confundidos com os aglomerados galácticos (também conhecidos como aglomerados abertos), que são aglomerados de estrelas *no interior de* galáxias, ou com os aglomerados globulares, que tipicamente orbitam galáxias. Pequenos

Os agregados de galáxias são designados por grupos de galáxias e não por enxames de galáxias. Os grupos e aglomerados de galáxias podem agrupar-se para formar superaglomerados.

Aglomerados de galáxias notáveis no Universo relativamente próximo incluem o Aglomerado de Virgem, o Aglomerado de Fornax, o Aglomerado de Hércules e o Aglomerado de Coma. Um agregado muito grande de galáxias conhecido como o Grande Atrator, dominado pelo enxame Norma, é suficientemente maciço para afetar a expansão local do Universo. Aglomerados de galáxias notáveis no Universo distante e de elevado desvio para o vermelho incluem o SPT-CL J0546-5345 e o SPT-CL J2106-5844, os aglomerados de galáxias mais maciços encontrados no Universo primitivo. Nas últimas décadas, estes aglomerados são também locais relevantes de aceleração de partículas, uma caraterística que foi descoberta através da observação de emissões rádio difusas não térmicas, tais como halos de rádio e relíquias de rádio. Utilizando o Observatório de Raios-X Chandra, foram também encontradas estruturas como frentes frias e ondas de choque em muitos enxames de galáxias.

4.9.1 Propriedades básicas

O enxame de galáxias IDCS J1426 situa-se a 10 mil milhões de anos-luz da Terra e tem a massa de quase 500 biliões de sóis (imagem multi-comprimento de onda: Raios X a azul, luz visível a verde e luz infravermelha a vermelho).

- ***Os enxames de galáxias têm normalmente as seguintes propriedades***
- Contêm 100 a 1.000 galáxias, gás quente emissor de raios X e grandes quantidades de

matéria escura

Os pormenores são descritos na secção "Composição".

- A distribuição dos três componentes é aproximadamente a mesma no agrupamento.
- Têm massas totais de 10^{14} a 10^{15} massas solares.
- Têm tipicamente um diâmetro de 1 a 5 Mpc (ver 10^{23} m para comparações de distâncias).
- A dispersão de velocidades para as galáxias individuais é de cerca de 800-1000 km/s.

4.10Interacções das Galáxias

Daqui a milhares de milhões de anos, a nossa galáxia irá colidir e fundir-se com a galáxia de Andrómeda, formando eventualmente uma grande galáxia. A própria Via Láctea é o produto de **fusões** passadas, que vemos a partir de vestígios dessas outras galáxias. E a nossa galáxia está atualmente a interagir gravitacionalmente com os seus satélites, trocando estrelas em longos fluxos.

Os astrónomos observam a interação e a fusão de galáxias em todo o Universo. Em particular, as grandes galáxias formaram-se por fusão com galáxias mais pequenas ao longo de milhares de milhões de anos. As maiores galáxias do cosmos, as elípticas gigantes, quase de certeza que se tornaram assim através de fusões. As galáxias irregulares, incluindo as nossas vizinhas Grandes e Pequenas Nuvens de Magalhães, obtiveram provavelmente as suas formas distorcidas através de interacções gravitacionais com outras galáxias. Uma vez que as elípticas constituem cerca de 15% das galáxias conhecidas e as irregulares são mais 5%, as fusões e interacções desempenham um papel óbvio nos tipos de galáxias que vemos.

Além disso, os astrónomos observam galáxias que estão atualmente em processo de fusão, o que corresponde a cerca de 5% a 25% de todas as galáxias. Em muitos destes casos, as galáxias sofrem uma intensa explosão de **formação** de estrelas, o que implica fortemente uma ligação entre as interacções galácticas e o nascimento de estrelas.

4.10.1 Tipos de interacções entre galáxias

As fusões de galáxias podem ser espetacularmente belas, como é o caso das Galáxias Antennae. Observadas pela primeira vez em 1785, estas eram originalmente duas galáxias espirais de tamanho semelhante que começaram a colidir há cerca de 600 milhões de anos. As suas formas espirais originais desapareceram quase por completo, mas a fusão criou enormes quantidades de formação estelar. Eventualmente, estas galáxias formarão uma grande galáxia.

Outras fusões de galáxias são mais desequilibradas. A Via Láctea está atualmente envolvida num "canibalismo galáctico", retirando estrelas das nossas galáxias satélites. Com base em estudos de populações de **estrelas**, os astrónomos descobriram que esta não é a única vez que tal canibalismo acontece.

Entre galáxias maiores que comem galáxias mais pequenas e fusões entre galáxias de tamanho aproximadamente igual, as interacções desempenham um papel obviamente importante no crescimento e evolução das galáxias.

4.11Matéria negra

Em astronomia, a matéria negra é uma forma hipotética de matéria que parece não interagir com a luz ou com o campo eletromagnético. A matéria negra está implícita em efeitos gravitacionais que não podem ser explicados pela relatividade geral, a menos que esteja presente mais matéria do que aquela que se pode ver. Tais efeitos ocorrem no contexto da formação e evolução das galáxias, das lentes gravitacionais, da estrutura atual do Universo observável, da posição da massa nas colisões galácticas, do movimento das galáxias no interior dos enxames de galáxias e das anisotropias cósmicas de fundo em micro-ondas.

No modelo padrão de cosmologia lambda-CDM, o conteúdo de massa-energia do universo é de 5% de matéria ordinária, 26,8% de matéria escura e 68,2% de uma forma de energia conhecida como energia escura. Assim, a matéria escura constitui 85% da massa total, enquanto a energia escura e a matéria escura constituem 95% do conteúdo total de massa-energia.

Não se sabe se a matéria negra interage com a matéria bariónica comum e com a radiação, exceto através da gravidade, o que torna difícil a sua deteção em laboratório. A explicação mais comum é que a matéria negra é uma partícula subatómica ainda por descobrir, tal como partículas massivas de interação fraca (WIMPs) ou axiões. A outra possibilidade principal é que a matéria escura seja composta por buracos negros primordiais.

A matéria escura é classificada como "fria", "morna" ou "quente" de acordo com a sua velocidade (mais precisamente, o comprimento do seu fluxo livre). Modelos recentes favoreceram um cenário de matéria escura fria, em que as estruturas emergem pela acumulação gradual de partículas, mas após meio século de buscas infrutíferas de partículas de matéria escura, observações mais recentes de ondas gravitacionais e do Telescópio Espacial James Webb reforçaram consideravelmente a hipótese de buracos negros primordiais e de colapso direto.

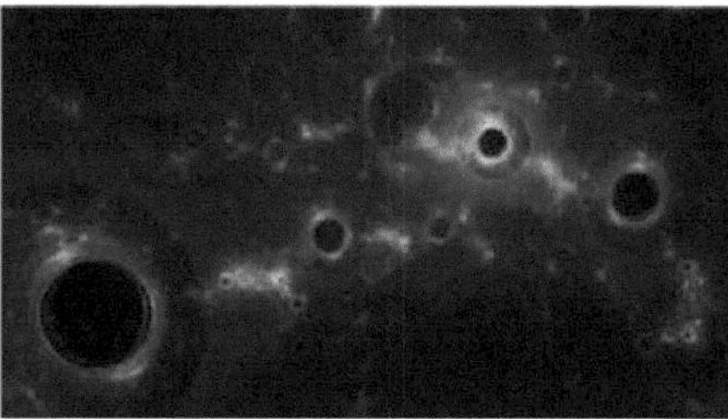

Figura 4.16 Matéria negra

Embora a comunidade astrofísica aceite, em geral, a existência da matéria negra, uma minoria de astrofísicos, intrigada com observações específicas que não são bem explicadas pela matéria negra comum, defende várias modificações das leis padrão da relatividade geral. Estas incluem a dinâmica newtoniana modificada, a gravidade tensor-vetor-escalar ou a gravidade entropia. Até agora, nenhuma das teorias da gravidade modificada propostas consegue descrever com sucesso todas as evidências observacionais ao mesmo tempo, sugerindo que, mesmo que a gravidade tenha de ser modificada, continuará a ser necessária alguma forma de matéria escura.

4.12 Super Cluster

Um superaglomerado é um grande grupo de aglomerados de galáxias mais pequenos ou grupos de galáxias; estão entre as maiores estruturas conhecidas no Universo. A Via Láctea faz parte do grupo de galáxias do Grupo Local (que contém mais de 54 galáxias), que por sua vez faz parte do Superaglomerado de Virgem, que faz parte do Superaglomerado de Laniakea, que faz parte do Complexo de Superaglomerados Peixes-Cetus. O grande tamanho e a baixa densidade dos superaglomerados significa que eles, ao contrário dos aglomerados, se expandem com a expansão de Hubble. Estima-se que o número de superaglomerados no universo observável seja de 10 milhões.

A existência de superaglomerados indica que as galáxias do Universo não estão uniformemente distribuídas; a maior parte delas está reunida em grupos e aglomerados, contendo os grupos até algumas dezenas de galáxias e os aglomerados até vários milhares de galáxias. Esses grupos e aglomerados e outras galáxias isoladas formam, por sua vez, estruturas ainda maiores chamadas superaglomerados.

A sua existência foi postulada pela primeira vez por George Abell no seu catálogo Abell de enxames de galáxias de 1958. Ele chamou-lhes "aglomerados de segunda ordem", ou aglomerados de aglomerados.

Figura 4.17 Superclusters

Os superaglomerados formam estruturas maciças de galáxias, designadas por "filamentos", "complexos de superaglomerados", "paredes" ou "lençóis", que se podem estender entre várias centenas de milhões de anos-luz e 10 mil milhões de anos-luz, cobrindo mais de 5% do Universo observável. Estas são as maiores estruturas conhecidas até à data. A observação de superaglomerados pode dar informação sobre o estado inicial do Universo, quando estes superaglomerados foram criados. As direcções dos eixos de rotação das galáxias dentro dos superaglomerados são estudadas por aqueles que acreditam que podem dar uma visão e informação sobre o processo de formação inicial das galáxias na história do Universo.

Entre os superaglomerados encontram-se grandes vazios de espaço onde existem poucas galáxias. Os superaglomerados são frequentemente subdivididos em grupos de aglomerados denominados grupos e aglomerados de galáxias. Embora os superaglomerados sejam supostamente as maiores estruturas do Universo, de acordo com o princípio cosmológico, foram observadas estruturas maiores em estudos, incluindo a Grande Muralha Sloan.

Figura 4.18 O superaglomerado Abell 901/902 está localizado a pouco mais de dois mil milhões de anos-luz de
Terra

4.13 Universo em evolução

Há cerca de 15 mil milhões de anos, o Universo emergiu de um mar quente e denso de matéria e energia.

À medida que o cosmos se expandiu e arrefeceu, deu origem a galáxias, estrelas, planetas e vida.

Figura 4.19 O Telescópio Espacial Hubble captou a imagem focando o aglomerado O aglomerado de galáxias é representativo do aspeto do Universo quando tinha 60 por cento da sua idade atual. O Telescópio Espacial Hubble captou a imagem focando o enxame quando este completava 10 órbitas. Esta imagem é uma das exposições mais longas e nítidas alguma vez produzidas. Vários pares de galáxias parecem estar presos no campo gravitacional uns dos outros. Tais interacções são raramente encontradas em aglomerados próximos e são prova de que o Universo está a evoluir. Num determinado momento, há cerca de 15 mil milhões de anos, toda a matéria e energia que podemos observar, concentrada numa região mais pequena que uma moeda de dez cêntimos, começou a expandir-se e a arrefecer a um ritmo incrivelmente rápido. Na altura em que a temperatura desceu para 100 milhões de vezes a do núcleo do Sol, as forças da natureza assumiram as suas propriedades actuais e as partículas elementares conhecidas como quarks vagueavam livremente num mar de energia. Quando o Universo se expandiu mais 1.000 vezes, toda a matéria que podemos medir preenchia uma região do tamanho do sistema solar.

Nessa altura, os quarks livres ficaram confinados em neutrões e protões. Depois de o Universo ter crescido por mais um fator de 1000, os protões e os neutrões combinaram-se para formar núcleos atómicos, incluindo a maior parte do hélio e do deutério hoje presentes. Tudo isto ocorreu no primeiro minuto da expansão. No entanto, as condições eram ainda demasiado quentes para que os núcleos atómicos pudessem capturar electrões. Os átomos neutros só apareceram em abundância depois de a expansão ter continuado durante 300.000 anos e o Universo ser 1.000 vezes mais pequeno do que é agora. Os átomos neutros começaram então a fundir-se em nuvens de gás, que mais tarde evoluíram para estrelas. Na altura em que o Universo se expandiu para um quinto do seu tamanho atual, as estrelas tinham formado grupos reconhecíveis como galáxias jovens.

Quando o Universo tinha metade da sua dimensão atual, as reacções nucleares nas estrelas tinham produzido a maior parte dos elementos pesados de que foram feitos os planetas terrestres. O nosso sistema solar é relativamente jovem: formou-se há cinco mil milhões de anos, quando o Universo tinha dois terços da sua dimensão atual. Ao longo do tempo, a formação de estrelas consumiu o fornecimento de gás nas galáxias e, por isso, a população de estrelas está a diminuir. Daqui a quinze mil milhões de anos, estrelas como o nosso Sol serão relativamente raras, tornando o Universo um lugar muito menos hospitaleiro para observadores como nós.

A nossa compreensão da génese e evolução do universo é uma das grandes conquistas da ciência do século XX. Este conhecimento resulta de décadas de experiências e teorias inovadoras. Os telescópios modernos, no solo e no espaço, detectam a luz de galáxias a milhares de milhões de anos-luz de distância, mostrando-nos como era o Universo quando era jovem. Os aceleradores de partículas investigam a física básica do ambiente de alta energia do Universo primitivo.

Os satélites detectam a radiação cósmica de fundo que sobrou das primeiras fases de expansão, fornecendo uma imagem do Universo às maiores escalas que podemos observar. Os nossos melhores esforços para explicar esta riqueza de dados estão consubstanciados numa teoria conhecida como o modelo cosmológico padrão ou a cosmologia do big bang. A principal afirmação da teoria é que, em grande escala, o Universo está a expandir-se de uma forma quase homogénea a partir de um estado inicial denso. Atualmente, não existem desafios fundamentais à teoria do big bang, embora existam certamente questões por resolver no âmbito da própria teoria. Os astrónomos não têm a certeza, por exemplo, de como se formaram as galáxias, mas não há razão para pensar que o processo não tenha ocorrido no âmbito do big bang. De facto, as previsões da teoria sobreviveram a todos os testes realizados até à data.

No entanto, o modelo do Big Bang vai apenas até certo ponto, e muitos mistérios fundamentais permanecem. Como era o Universo antes de se estar a expandir? (Nenhuma observação que tenhamos feito nos permite olhar para trás, para além do momento em que a expansão começou). O que acontecerá num futuro distante, quando as últimas estrelas esgotarem o fornecimento de combustível nuclear? Ainda ninguém sabe as respostas. O nosso universo pode ser visto de muitas maneiras - por místicos, teólogos, filósofos ou cientistas. Na ciência, adoptamos o caminho mais lento: aceitamos apenas o que é testado pela experiência ou pela observação. Albert Einstein deu-nos a Teoria da Relatividade Geral, agora bem testada e aceite, que estabelece as relações entre massa, energia, espaço e tempo. Einstein mostrou que uma distribuição homogénea da matéria no espaço se enquadra perfeitamente na sua teoria. Assumiu sem discussão que o universo é estático, imutável na média de grande escala.

CAPÍTULO 5

Actividades em Astrofísica

5.1 Construção básica do telescópio

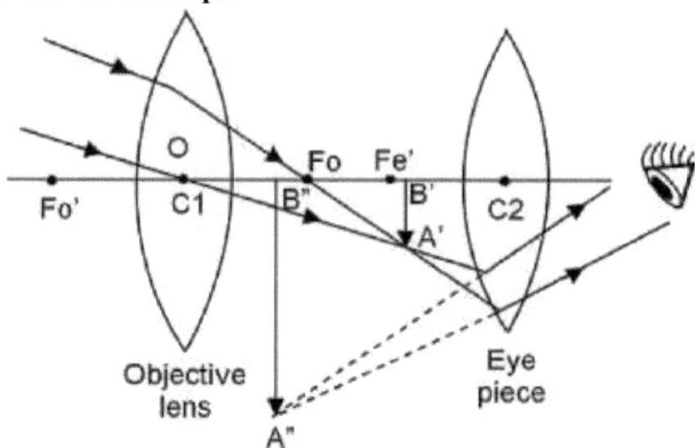

Figura 5.1 Funcionamento do telescópio

- O telescópio é um poderoso instrumento ótico que é utilizado para formar imagens ampliadas de objectos distantes. Os telescópios são frequentemente utilizados para ver objectos distantes no espaço, como planetas e estrelas.

- O telescópio tem uma estrutura tubular e é formado por um conjunto de espelhos curvos e lentes.

- Os telescópios baseiam-se no princípio da refração e da reflexão.

- Galileu Galilei, um astrónomo italiano, foi a primeira pessoa a utilizar um telescópio para o estudo da astronomia.

- Os telescópios astronómicos são, sem dúvida, o instrumento de investigação mais importante da astronomia. Ajudam a recolher e analisar a radiação de objectos celestes, mesmo aqueles que se encontram nos confins do universo.

Figura 5.2 Telescópio

- O telescópio é um instrumento ótico que possui uma disposição particular de espelhos e lentes curvos de tal forma que os objectos distantes parecem mais próximos.

- Os objectos distantes podem ser vistos através de telescópios através da sua emissão, absorção ou reflexão de radiação electromagnética.

- Os telescópios são um dos instrumentos mais importantes da astronomia.

- São utilizados no estudo de planetas, estrelas e outros objectos no espaço exterior.

*   Existem dois tipos principais de telescópios: os telescópios refractores e os telescópios reflectores.

*   Os telescópios são utilizados para diferentes regiões do espetro eletromagnético e outros tipos de detectores.

5.1.1 Funcionamento do telescópio

Os telescópios funcionam recolhendo o máximo de luz possível com a ajuda de espelhos curvos ou lentes através de uma grande abertura que é muito maior do que os nossos olhos. Uma vez que recolhem tanta luz, podemos ver os objectos invisíveis a olho nu com a sua ajuda. A lente grande é utilizada para recolher a luz da fonte. A lente pequena traz a imagem desse objeto para os nossos olhos.

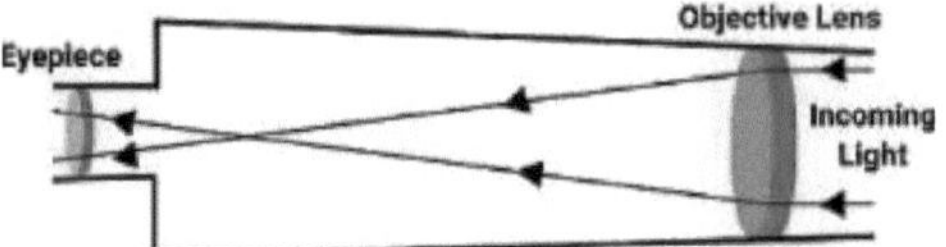

Figura 5.3 Princípio de funcionamento do telescópio

5.1.2 Princípio de funcionamento do telescópio

Os telescópios funcionam segundo o princípio de que, quando o objeto a ampliar é colocado a uma distância muito grande da lente objetiva do telescópio, a imagem formada é:

*   Virtual
*   Invertido
*   Ampliado

Esta imagem é formada à distância mínima de visão distinta do olho que está colocado perto da ocular.

5.1.3 Partes do telescópio

Os componentes ou partes de um telescópio são os seguintes

*   Tubo ótico: Suporta os espelhos e as lentes de um telescópio. Estes espelhos ou lentes recolhem a luz de objectos distantes durante a noite e formam uma imagem nítida para o observador.

*   Ocular: Forma a imagem ampliada do objeto e transmite-a ao olho do observador.

*   Focalizador: É um tubo constituído por uma ocular que pode ser movida com botões para ajustar a focagem de uma imagem.

*   Telescópio: Está presente no tubo do telescópio para descobrir a direção do objeto a observar.

*   Diagonal estelar: Ajuda a ver confortavelmente através de um telescópio, ajustando a luz que sai do telescópio.

*   Suporte: O suporte é utilizado para segurar o telescópio e ajuda a rodá-lo na direção do objeto.

*   Tripé: O tripé é o local onde são colocados o suporte e o telescópio. O tripé tem pernas reguláveis em altura que evitam que o telescópio vibre durante a observação.

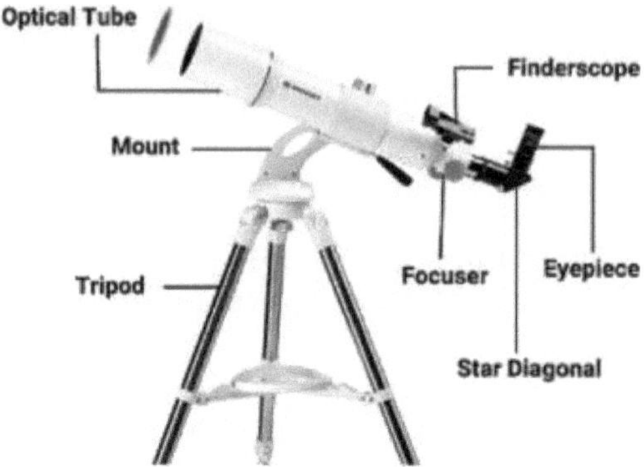

Figura 5.4 Partes do telescópio

5.1.4 Tipos de telescópios

Os telescópios podem ser classificados em duas categorias principais, que são

* Telescópios de reflexão: Telescópios com espelhos.
* Telescópios de refração: Telescópios com lentes.

Existem alguns telescópios que utilizam lentes e espelhos.

1. Telescópios de reflexão:

Os telescópios reflectores são mais potentes do que os telescópios refractores. Têm um espelho curvo na parte inferior do tubo. O espelho curvo foca a luz num ponto do tubo. Um segundo espelho é colocado no caminho da luz focada. O segundo espelho envia a luz para o lado de fora do tubo, através de uma ocular. O Telescópio Espacial Hubble, que orbita a Terra numa nave espacial, é um exemplo de um telescópio refletor.

Figura 5.5 Telescópios reflectores

2. Telescópios de refração:

O Telescópio Refrator é um tipo de telescópio que utiliza uma lente como objetiva para formar uma imagem. É um tubo com uma ou mais lentes em cada extremidade. A luz proveniente de um objeto distante entra na extremidade mais distante do tubo. As lentes nessa extremidade, designadas por lentes objectivas, desviam a luz. Focam-na num ponto próximo da outra extremidade do tubo, formando uma imagem, ou fotografia do objeto, nesse ponto. A lente ou lentes na outra extremidade do tubo, designada por ocular, amplia a imagem. Os diferentes tipos de telescópios refractores são o Telescópio Galileu, o Telescópio Kepleriano e os Refractores Acromáticos.

O telescópio astronómico é constituído por duas lentes: a objetiva e a ocular. A objetiva tem uma distância focal e um diâmetro maiores para acomodar a quantidade máxima de luz proveniente de objectos distantes (astronómicos). Um feixe paralelo de raios provenientes de um objeto astronómico incide sobre a lente objetiva do telescópio. Forma-se assim uma imagem real, invertida e diminuída A'B' do objeto. A ocular é ajustada de modo a que A'B' se situe exatamente no foco da ocular. Assim, forma-se uma imagem altamente ampliada do objeto no infinito. O mesmo é mostrado na figura abaixo.

Os telescópios destinam-se a observar objectos distantes, produzindo uma imagem maior do que a imagem que pode ser vista a olho nu. Os telescópios recolhem muito mais luz do que o olho, permitindo observar objectos pouco luminosos com maior ampliação e melhor resolução. Embora seja frequentemente atribuída a Galileu a invenção do telescópio, na realidade não foi ele. O que ele fez foi mais importante. Construiu vários telescópios antigos, foi o primeiro a estudar o céu com eles e fez descobertas monumentais com eles. Entre elas contam-se as luas de Júpiter, as crateras e montanhas da Lua, os pormenores das manchas solares e o facto de a Via Láctea ser composta por um grande número de estrelas individuais.

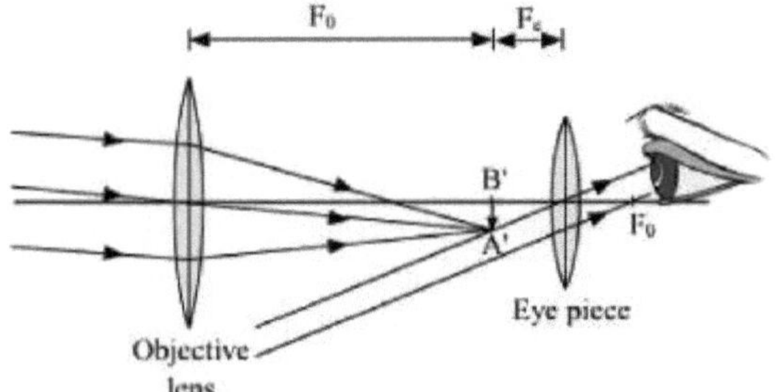

Figura 5.6 Diagrama esquemático da imagem da ocular de um telescópio refrator

Um telescópio constituído por duas lentes, a objetiva convexa e a ocular côncava, a mesma construção utilizada por Galileu. Esta disposição produz uma imagem vertical e é utilizada em lentes de espionagem e óculos de ópera. A imagem na maior parte dos telescópios é invertida, o que não tem importância para a observação das estrelas, mas constitui um problema real para outras aplicações, como os telescópios em navios ou as miras telescópicas. Se for necessária uma imagem direita, pode ser utilizada a disposição de Galileu. Mas uma solução mais comum consiste em utilizar uma terceira lente convexa como ocular, aumentando a distância entre as duas primeiras e invertendo novamente a imagem.

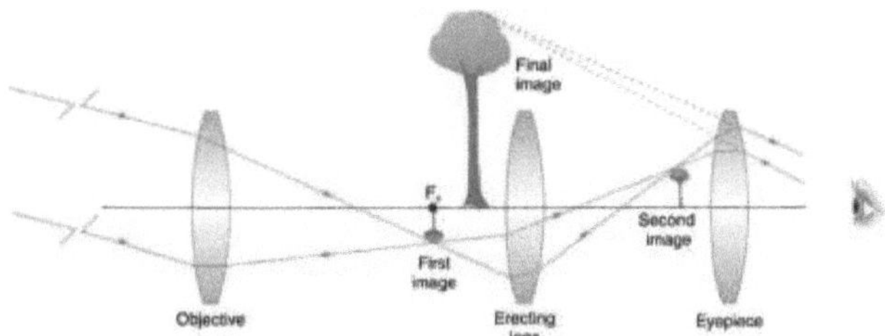

Figura 5.7 Um telescópio pode ser fabricado com um espelho côncavo como primeiro elemento ou objetiva Um telescópio também pode ser fabricado com um espelho côncavo como primeiro elemento ou objetiva, uma vez que um espelho côncavo funciona como uma lente convexa, como se vê na Figura 5.6. Os espelhos planos são frequentemente utilizados

em instrumentos ópticos para os tornar mais compactos ou para enviar luz para câmaras e outros dispositivos de deteção. Há muitas vantagens em utilizar espelhos em vez de lentes nas objectivas dos telescópios. Os espelhos podem ser construídos com dimensões muito maiores do que as lentes e podem, assim, recolher grandes quantidades de luz, como é necessário para observar galáxias distantes, por exemplo. Os espelhos grandes e relativamente planos têm distâncias focais muito longas, pelo que é possível uma grande ampliação angular.

Os telescópios, tal como os microscópios, podem utilizar uma gama de frequências do espetro eletromagnético. A Figura 4a mostra o Australia Telescope Compact Array, que utiliza seis antenas de 22 m para mapear os céus do sul utilizando ondas de rádio. A figura 4b mostra a focagem de raios X no Observatório de Raios X Chandra - um satélite que orbita a Terra desde 1999 e que observa

eventos de alta temperatura como estrelas em explosão, quasares e buracos negros. Os raios X, com muito mais energia e comprimentos de onda mais curtos do que a RF e a luz, são principalmente absorvidos e não reflectidos quando incidem perpendicularmente ao meio. Mas podem ser reflectidos quando incidem em pequenos ângulos, tal como uma pedra salta num lago se for atirada a um pequeno ângulo. Os espelhos do Chandra são constituídos por um longo caminho em forma de barril e 4 pares de espelhos para focar os raios num ponto a 10 metros de distância da entrada. Os espelhos são extremamente lisos e consistem numa base de vidro cerâmico com uma fina camada de metal (irídio). Quatro pares de espelhos fabricados com precisão têm uma forma e um alinhamento requintados, de modo a que os raios X façam ricochete nos espelhos como balas numa parede, incidindo num ponto.

Atualmente, está em curso um esforço de colaboração que envolve 17 países para a construção de um Square Kilometre Array (SKA) de telescópios capazes de cobrir as frequências de 80 MHz a 2 GHz. A fase inicial do projeto é a construção do Australian Square Kilometre Array Pathfinder na Austrália Ocidental, que utilizará tecnologias de ponta, como a *ótica adaptativa,* em que a lente ou o espelho são construídos a partir de muitas lentes e espelhos minúsculos cuidadosamente alinhados, que podem ser manipulados por computador. Uma série de distorções que mudam rapidamente pode ser minimizada através da deformação ou inclinação das pequenas lentes e espelhos. A utilização da ótica adaptativa na correção da visão é uma área de investigação atual.

5.2 Desenvolver modelos para demonstrar eclipses/movimento planetário

Os eclipses solares e lunares são fenómenos astronómicos que têm estado envoltos em mitos e lendas ao longo da história. Os antigos chineses, por exemplo, acreditavam que os eclipses solares ocorriam quando um dragão celestial devorava o Sol. A palavra chinesa para designar um eclipse, "chih", significa mesmo "comer".

5.2.1 Eclipses lunares

Embora a Lua apareça brilhante no céu noturno, ela não brilha de facto, mas apenas reflecte a luz do Sol. A forma da Lua que se vê depende da posição em que se está na Terra e da posição da Lua na sua órbita à volta da Terra. Todos os meses, a Lua completa um ciclo, começando como um círculo completo (na Lua cheia), encolhendo até se tornar quase invisível (na Lua nova) e depois inchando até se tornar novamente um círculo completo; estas fases chamam-se fases da Lua. Normalmente, quando a Lua se encontra no lado da Terra mais afastado do Sol (figura 1B), os três corpos não se encontram em linha reta; em vez disso, a Lua está ligeiramente acima da Terra e continua iluminada, pelo que vemos uma lua cheia. Ocasionalmente, no entanto, a Terra passa diretamente entre o Sol e a Lua, e a Lua fica completamente na sombra da Terra - chamamos a isto um eclipse lunar. É possível vê-lo a olho nu, quando a Lua entra na sombra da Terra (a umbra) e a atravessa, adquirindo um belo brilho vermelho escuro[w2] . Quando a Lua atravessa a umbra ou

fora da umbra, pode mesmo ver-se a curva da Terra a sombrear parcialmente a Lua. Esta sombra parcial é chamada penumbra

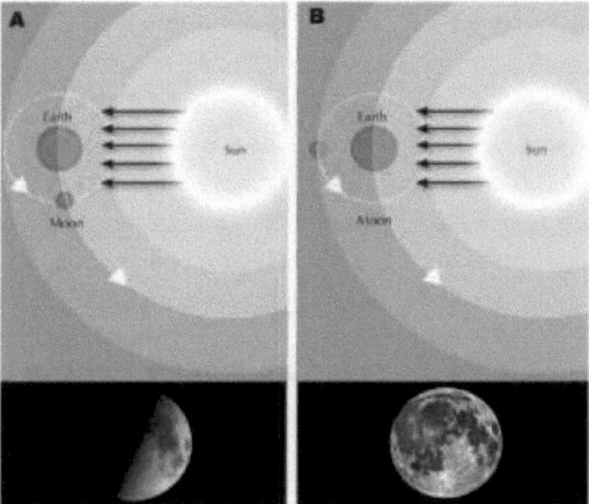

Figura 5.8 Eclipses lunares

5.2.2 Eclipses solares

Ao contrário dos eclipses lunares, os eclipses solares são muito raros. A maior parte das pessoas nunca assistirá a um eclipse solar, uma vez que estes só são visíveis a partir de áreas relativamente pequenas da Terra num dado momento. Os eclipses solares e lunares têm causas algo diferentes: durante um eclipse solar, *estamos* na sombra. Quando a Lua passa exatamente em frente do Sol, projecta uma sombra sobre a Terra. Como o tamanho aparente da Lua é muito menor do que o do Sol, esta sombra só será vista numa pequena área da Terra.

Para compreender isto, segure o seu polegar em frente ao Sol de modo a que fique completamente tapado. Os seus olhos ficam na sombra do polegar, mas isso não afecta a pessoa que está ao seu lado, pois ela não está na mesma sombra. Ela vê o Sol normalmente. Quando a Lua se desloca diretamente entre a Terra e o Sol [w3], o céu adquire um crepúsculo assustador, o que faz com que os animais fiquem confusos. O ar arrefece e, durante um eclipse total, a Lua aparece como um disco negro no céu rodeado por uma coroa de fogo. Esse fogo é, na verdade, o Sol por detrás da Lua; quando a Lua passa, a luz ardente do Sol regressa.

5.2.3 Materiais

Para cada modelo, é necessário:

o Fita adesiva

o Cola

o Dois tubos de cartão (por exemplo, rolos de papel higiénico vazios)

o Tocha

o Tesoura (adequada para cortar cartão) o Folha de alumínio

o Arame resistente mas flexível (35-50 cm de comprimento)

o Bola de esferovite do tamanho de uma laranja grande

o Bola de pingue-pongue (ou uma bola de esferovite de tamanho semelhante)

o Uma tira grande de cartão (com cerca de 60 cm de comprimento e pelo menos 20 cm de largura) o Uma pilha de livros ou revistas

5.2.4 *Método*

Divida a turma em grupos de três ou quatro elementos. Dê a cada grupo o seu próprio material para fazer o modelo. Pegue num tubo de cartão e faça uma série de pequenos cortes verticais (2 cm) à volta da circunferência de cada extremidade. Em cada extremidade, dobre as peças cortadas para fora e coloque o tubo na vertical. Na parte superior, as extremidades cortadas devem espalhar-se como uma flor (ver imagem). Com fita adesiva, prenda uma extremidade do tubo de cartão à tira de cartão; esta é a base do modelo. O tubo deve ficar a pelo menos 30 cm de uma das extremidades da tira de cartão. Com fita adesiva ou cola, prende a bola maior à flor aberta do tubo. Esta bola é a Terra. Cobre a bola mais pequena com folha de alumínio, com o lado brilhante para fora. Esta é a Lua. Insere uma extremidade do fio na parte superior da Terra, de modo a que o fio fique na vertical. Mede o comprimento de um dedo ao longo do fio. Dobre o fio num ângulo reto para obter um braço horizontal. Insere a outra extremidade do fio na Lua.

A meio caminho entre a Terra e a extremidade mais distante da tira de cartão, meça o comprimento de um dedo ao longo do fio e dobre-o para baixo num ângulo reto, em direção à base de cartão. O equador da Lua deve estar à mesma altura que o equador da Terra. Equilibra a lanterna sobre uma pilha de livros ou revistas, na outra extremidade da tira de cartão, em relação à Terra. Certifique-se de que a altura está correcta: o meio do feixe da lanterna deve atingir o equador da Terra. Se o feixe for demasiado difuso, prenda o segundo tubo de cartão à extremidade da lanterna para direcionar a luz horizontalmente. Certifique-se de que o feixe atinge diretamente a metade mais próxima da Terra e a Lua. Em astronomia, as leis do movimento planetário de Kepler, publicadas por Johannes Kepler entre 1609 e 1619, descrevem as órbitas dos planetas em torno do Sol.

As leis modificaram a teoria heliocêntrica de Nicolau Copérnico, substituindo as suas órbitas circulares e epiciclos por trajectórias elípticas e explicando como variam as velocidades planetárias. As três leis estabelecem que:

o   A órbita de um planeta é uma elipse com o Sol num dos dois focos.

o   Um segmento de reta que une um planeta e o Sol varre áreas iguais durante intervalos de tempo.

o O quadrado do período orbital de um planeta é proporcional ao cubo do comprimento do semi-eixo maior da sua órbita.

As órbitas elípticas dos planetas foram indicadas por cálculos da órbita de Marte. A partir daí, Kepler deduziu que outros corpos do Sistema Solar, incluindo os mais afastados do Sol, também têm órbitas elípticas. A segunda lei ajuda a estabelecer que, quando um planeta está mais próximo do Sol, viaja mais depressa. A terceira lei expressa que quanto mais longe um planeta está do Sol, mais lenta é a sua velocidade orbital, e vice-versa. Isaac Newton demonstrou, em 1687, que relações como as de Kepler se aplicariam ao Sistema Solar, como consequência das suas próprias leis do movimento e da lei da gravitação universal.

Uma abordagem histórica mais precisa é encontrada em Astronomia nova e Epitome Astronomiae Copernicanae. Apesar de estar correto ao afirmar que os planetas giravam em torno do Sol, Copérnico estava incorreto na definição das suas órbitas. Introduzindo explicações físicas para o movimento no espaço para além da simples geometria, Kepler definiu corretamente a órbita dos planetas da seguinte forma.

1.   A órbita planetária não é um círculo com epiciclos, mas uma elipse.

2.   O Sol não está no centro, mas num ponto focal da órbita elíptica.

3.   Nem a velocidade linear nem a velocidade angular do planeta na órbita são constantes,

mas a velocidade de área (intimamente ligada historicamente ao conceito de momento angular) é constante.

5.3 Observação do céu noturno

O céu noturno é a aparência nocturna de objectos celestes como estrelas, planetas e a Lua, que são visíveis num céu limpo entre o pôr do sol e o nascer do sol, quando o Sol está abaixo do horizonte. As fontes de luz natural num céu noturno incluem o luar, as estrelas e o brilho do ar, dependendo da localização e da hora. As auroras boreais iluminam os céus acima dos círculos polares. Ocasionalmente, uma grande ejeção de massa coronal do Sol ou simplesmente níveis elevados de vento solar podem estender o fenómeno em direção ao Equador.

O céu noturno e o seu estudo têm um lugar histórico tanto nas culturas antigas como nas modernas. No passado, por exemplo, os agricultores utilizavam o estado do céu noturno como um calendário para determinar o momento das colheitas. Muitas culturas desenharam constelações entre estrelas no céu, utilizando-as em associação com lendas e mitologia sobre as suas divindades.

A crença da astrologia, desenvolvida na antiguidade, baseia-se geralmente na crença de que as relações entre os corpos celestes influenciam ou transmitem informações sobre os acontecimentos na Terra. O estudo *científico* dos objectos celestes visíveis à noite tem lugar na ciência da astronomia observacional.

A visibilidade dos objectos celestes no céu noturno é afetada pela poluição luminosa. A presença da Lua no céu noturno tem historicamente dificultado a observação astronómica ao aumentar a quantidade de brilho ambiente. No entanto, com o advento das fontes de luz artificial, a poluição luminosa tem sido um problema crescente para a observação do céu noturno. Os filtros ópticos e as modificações nos aparelhos de iluminação podem ajudar a atenuar este problema, mas para obter as melhores vistas, tanto os astrónomos profissionais como os amadores procuram locais longe do brilho do céu urbano.

Figura 5.9 Observação do céu noturno

5.3.1 Conselhos para a observação do céu noturno

Ferramentas de observação de estrelas, dicas e acessórios para astronomia no quintal

Observar o céu noturno é um passatempo relaxante e divertido, que lhe permite desfrutar do ar livre enquanto se desafia a localizar os planetas, estrelas, galáxias e outros objectos do céu. Para o ajudar a começar, aqui estão algumas dicas de observação do céu noturno que o ajudarão a tirar o máximo partido de uma noite sob as estrelas.

Saiba o que está à procura! Os eventos astronómicos são fáceis de encontrar através de recursos online. Por exemplo, os nossos parceiros em Astronomy.com publicam The Sky This Month (O Céu Este Mês), que indica os melhores objectivos de observação para um determinado mês.

Certifique-se de que possui o equipamento de observação do céu noturno adequado. Um par de binóculos é ótimo para principiantes; proporcionam um amplo campo de visão. Se estiver a usar um telescópio, certifique-se de que tem a ocular correcta. O Dooley Planetarium tem uma excelente explicação sobre como selecionar a ocular correcta com base na sua visão e nas condições atmosféricas.

Escolha um bom local para observar o céu noturno, de preferência um local com pouca poluição luminosa e, de preferência, a uma altitude mais elevada. Não sabe onde ir? O seu clube de astronomia local pode ajudá-lo.

Certifique-se de que está confortável! Leve um cobertor, um casaco e uma boa cadeira de observação.

Use uma pala sobre o seu olho de observação enquanto prepara o seu equipamento. Desta forma, terá um olho totalmente adaptado à escuridão quando estiver pronto para começar a observar.

Dê aos seus olhos cerca de 20 minutos para se adaptarem ao escuro. A adaptação à escuridão é o processo pelo qual os olhos aumentam a sua sensibilidade a baixos níveis de iluminação; a sensibilidade à luz aumenta mais durante a primeira meia hora, mas uma breve exposição a luz forte faz com que volte a aumentar muito rapidamente. Uma lanterna vermelha ajudá-lo-á a ler o seu mapa estelar no escuro sem perturbar a sua visão nocturna.

Evite a fadiga ocular. Faça pequenas pausas e experimente alguns exercícios simples para os olhos de 20 em 20 minutos. Por exemplo, tape ligeiramente os olhos com as palmas das mãos e relaxe durante 60 segundos. Ou rode os olhos para cima, para baixo, à volta e de um lado para o outro durante 20 segundos; depois, relaxe e feche os olhos durante mais 30 segundos.

Divirta-se! Seja paciente enquanto procura objectos do céu noturno. A identificação desses objectos tornar-se-á mais fácil à medida que se familiarizar com os seus instrumentos e com o céu. Lembre-se - a caça faz parte da emoção!

5.4 Estudo de caso relativo a qualquer tema do presente documento

o *O arco-íris e os telescópios acromáticos [dois estudos de caso]*

1. Ciência e tecnologia:

Ambos os estudos de caso envolvem uma compreensão da natureza. ... o que, afinal, é precisamente o que a ciência envolve. Enquanto a tecnologia é tão antiga quanto o homem, a ciência é uma invenção relativamente recente. Começou com os gregos, em 600 a.C., quando o filósofo Tales fez um novo tipo de pergunta. Em vez de perguntar "quem?" (por exemplo, que deuses eram responsáveis pelo trovão e pelo vento, pelo nascimento e pela morte e por todas as muitas forças da natureza), Tales perguntou "como?" e isso fez com que o homem começasse a procurar causas físicas em vez de explicações mitológicas. A ciência e a tecnologia distinguem-se principalmente pela sua motivação. A tecnologia é a tentativa do homem de resolver os problemas que lhe são impostos pela natureza. Ele tem de lidar com os problemas da fome, das doenças, da necessidade de abrigo e transporte, etc. A tecnologia nasceu da tradição do artesão, do artífice e do inventor. A ciência, por outro lado, é motivada pelo desejo de compreender. Construir um barco para atravessar um rio é um problema tecnológico, mas compreender os princípios da flutuabilidade é um problema científico. A ciência surgiu da tradição dos profetas e dos filósofos. A ciência e a tecnologia interagem para benefício de ambas. Por vezes, uma invenção ou um novo avanço tecnológico desencadeia descobertas e avanços na ciência. Por exemplo, a invenção da bomba de vácuo por von Cuericke, por volta de 1650, levou Robert Boyle a estudar a relação entre a pressão e o volume de um gás e, por fim, à lei dos gases ideais. Depois de o espetroscópio ter sido transformado num instrumento de precisão no século XIX, a sua utilização no estudo das linhas espectrais acabou por nos dar muita da informação atual sobre a estrutura atómica. A invenção do microscópio foi seguida pela descoberta das bactérias. Por outro lado, os novos conhecimentos científicos tornam possíveis invenções e tecnologias totalmente novas. O grande trabalho teórico de Maxwell sobre o campo eletromagnético tornou possível a rádio, o radar e a televisão.

2. O arco-íris:

Provavelmente, a referência mais antiga ao arco-íris encontra-se no Génesis 9, onde se lê: "E Deus disse: "Este é o sinal do pacto que farei entre mim e ti e toda a criatura viva que está contigo para todas as gerações futuras: Ponho o meu arco na nuvem, e ele será o sinal da aliança entre mim e a terra. Quando eu trouxer nuvens sobre a terra e o arco for visto nas nuvens. l lembrar-se-á do pacto que há entre mim e toda a criatura viva de toda a carne: e as águas nunca mais se tornarão um dilúvio para destruir toda a carne." Pensa-se que o "arco" é um arco de arqueiro que Deus guardou nas nuvens, uma vez que a sua ira tinha diminuído. Trata-se, evidentemente, de uma história mitológica destinada a descrever a relação do homem com Deus e não a explicar o fenómeno.

3. Aristóteles e Séneca:

Aristóteles, que era um observador astuto, registou na sua Mekorofogica a existência de um arco-íris secundário e de um arco-íris primário e também que os arco-íris podiam ser observados em jactos de água. A sua explicação baseava-se no reflexo da luz solar nas nuvens.

No século I d.C., Séneca afirmou que o arco-íris era uma imagem ampliada e distorcida do Sol, formada pelo reflexo das nuvens. Observou também que as cores do arco-íris eram as mesmas que as da luz reflectida por pequenos pedaços de vidro. As explicações de Aristóteles e Séneca talvez satisfizessem as pessoas da época, mas não conseguiam explicar coisas como os ângulos em que os arcos aparecem, a maior intensidade da luz no interior do arco em comparação com a do exterior ou, de facto, a própria presença da cor

Vitello e Teodorico Em 1270, o monge polaco Vitello escreveu um dos primeiros tratados sobre ótica, o estudo da luz. Vitello apercebeu-se de que o arco-íris envolvia tanto a refração como a reflexão, mas não conseguiu encontrar a lei que rege a refração. Theodoric de Freiburg, na Alemanha, deu um passo em frente crucial ao salientar que a refração e a reflexão ocorriam em cada gota de água e não em toda a nuvem.3 Realizou experiências com garrafas de vidro com água e mostrou corretamente que o arco primário resulta de duas refracções e uma reflexão interna. Num outro diagrama, mostrou que o arco secundário resulta de duas reflexões internas e duas refracções. Mas como a lei da refração não era conhecida, não conseguiu calcular os ângulos dos arcos. Passariam mais três séculos até que o próximo grande passo fosse dado.

4. Newton:

Enquanto Newton estava a estudar na Universidade de Cambridge, fez as suas famosas experiências com um prisma, que foram publicadas seis ou sete anos mais tarde.5 É evidente que fez estas experiências no seu próprio quarto, utilizando um feixe de luz solar que entrava por um pequeno orifício na persiana da sua janela. A opinião prevalecente na altura era a de que a luz branca era "pura" e tornava-se colorida ao ser modificada quando passava por um prisma ou vidro colorido. As experiências e interpretações de Newton mostraram, pelo contrário, que a luz branca é uma mistura de luz de uma gama contínua de cores e, além disso, que cada cor é refractada num ângulo diferente por um prisma.

Figura 5.10 Newton

A primeira observação de Newton foi a de que a luz do Sol, através de um pequeno orifício na sua persiana e que passava por um prisma, formava uma mancha oblonga na sua parede, em vez de uma mancha circular, como seria de esperar. O próprio Newton indica as suas dimensões como sendo 13" x 2 318". A largura poderia ser explicada pelo tamanho angular do Sol, mas se a luz branca fosse pura, a mancha não deveria ser alongada. Concluiu que "a luz é constituída por raios diferentemente refrangíveis", o que significa que são refractados em quantidades diferentes e, portanto, deslocados. Em seguida, observou que a quantidade de refração dependia da cor da luz. Assim, em termos modernos, o índice de refração depende da cor.

5.5 Observatórios nacionais

A Índia tem uma história profunda na astronomia, que remonta aos tempos antigos, e tem desempenhado um papel fundamental na formação das actividades astronómicas modernas. Espalhados por todo o país, vários observatórios e institutos de investigação são testemunhos desta rica tradição. Para além de serem centros de excelência científica, estes observatórios são também espaços cativantes onde se pode mergulhar nos mistérios e na grandeza do cosmos. Descubra oito dos observatórios astronómicos mais cativantes da Índia, que convidam todos os entusiastas das estrelas a explorar estes reinos onde a ciência e a beleza convergem perfeitamente.

Figura 5.11 Observatório Astronómico Indiano, Hanle, Ladakh

Situado a uma altitude de 4.500 metros, no meio das paisagens cativantes de Ladakh, o Observatório Astronómico Indiano em Hanle é o segundo observatório ótico mais alto do mundo. Operado pelo Instituto Indiano de Astrofísica, alberga o Telescópio Chandra dos

Himalaias, de 2 metros, contribuindo para a investigação inovadora sobre explosões de raios gama, supernovas e buracos negros. Para além do seu significado científico, o observatório oferece uma vista deslumbrante do terreno montanhoso, criando uma mistura sedutora de maravilha astronómica e beleza natural.

Figura 5.12 Observatório VainuBappu, Kavalur, Tamil Nadu

Figura 5.13 Observatório Solar de Udaipur, Udaipur, Rajasthan

Aninhado nos arredores tranquilos de Kavalur, Tamil Nadu, o Observatório VainuBappu é uma pedra angular do Instituto Indiano de Astrofísica. Com vários telescópios, incluindo o maior da Ásia, o Telescópio VainuBappu de 2,3 metros, este observatório está repleto de história astronómica. Aberto ao público aos fins-de-semana, oferece uma oportunidade única de observar estrelas e planetas através dos seus telescópios, permitindo que os visitantes se liguem ao cosmos sob o extenso céu do sul.

Situado numa ilha do lago FatehSagar, na encantadora cidade de Udaipur, o Observatório Solar de Udaipur é especializado no estudo do sol. Criado em 1975 e gerido pelo Laboratório de Investigação Física, possui instrumentos avançados como o Telescópio Solar Multi-Aplicação, que capta imagens de alta resolução da superfície dinâmica e da atmosfera do Sol. Para além das suas proezas científicas, a localização única do observatório numa ilha minimiza a turbulência atmosférica, proporcionando um cenário sem paralelo para observações solares.

Figura 5.14 Instituto de Investigação de Ciências Observacionais Aryabhatta, Nainital, Uttarakhand No sereno Pico Manora, a 1 950 metros de altitude, em Nainital, o Instituto de Investigação de Ciências Observacionais Aryabhatta presta homenagem ao famoso matemático e astrónomo indiano Aryabhatta. Com o Telescópio Ótico Devasthal de 3,6 metros, o maior da Índia, e o inovador Telescópio Ótico Rápido Devasthal de 1,3 metros, este instituto combina investigação de ponta com programas de divulgação pública.

Os visitantes podem observar o céu noturno e fazer astrofotografia, promovendo uma ligação entre a exploração científica e a comunidade em geral.

Figura 5.15 Observatório GMRT, Khodad, Maharashtra

Situado perto da aldeia de Khodad, em Maharashtra, o Observatório do Radiotelescópio Gigante de Ondas Métricas (GMRT) representa um esforço colossal no domínio da radioastronomia. Com 30 antenas, cada uma com um diâmetro de 45 metros, espalhadas por 25 quilómetros quadrados, o GMRT é um dos maiores e mais sensíveis observatórios de rádio do mundo. Operado pelo Centro Nacional de Rádio Astrofísica, abre as suas portas aos visitantes, oferecendo-lhes conhecimentos sobre o reino da radioastronomia e a oportunidade de testemunhar as colossais antenas em ação.

FAQ

1. Quem é o pai da astrofísica?
2. O que é a Astrofísica?
3. Quais são as duas formas de estudar Astrofísica?
4. Quais são os principais tópicos abordados em Astrofísica?
5. Quais são os 4 tipos de astrofísica?
6. Porque é que a astrofísica é útil?
7. Porque é que a astrofísica é útil?
8. Quais são os dois ramos da astrofísica?
9. Como se chama o estudo do espaço?
10. Qual é a origem da astrofísica?
11. Quem utiliza a astrofísica?

12. A NASA contrata astrofísicos?

13. Como é que o nosso Universo começou e como é que vai acabar?

14. O que é a matéria negra?

15. Como é que as estruturas conhecidas do Universo evoluíram?

16. Como é que os buracos negros maciços crescem?

17. Qual é a idade do universo? ...

18. Porque é que o universo se está a expandir? ...

19. Porque é que se deu o Big Bang? ...

20. Como e quando é que o universo vai acabar?

Referências

1.   "Constelações: The Story of Space Told Through the 88 Known Star Patterns in the Night Sky", Govert Schilling, Black Dog & Leventhal (2019).
2.   "Cosmos", Carl Sagan, Random House (1980).
3.   "Estrelas e Planetas: The Most Complete Guide to the Stars, Planets, Galaxies, and Solar System" - Edição actualizada e ampliada, Ian Ridpath e Wil Tirion, Publisher: Princeton University Press (2017).
4.   An Introduction to AstroPhysics, PHI Publications, Baidyanath Basu, edição de 2000.

AUTOR CORRESPONDENTE

Dr. T. S. Jayanthi
Diretor e Professor Associado, Departamento de Física, Vivekananda College, Agasteeswaram,
(Afiliada à Manonmaniam Sundaranar University, Tirunelveli), Tamilnadu, Índia.
javajeeva555@gmail.com

A Dra. M Jeyanthi trabalha como Directora e Professora Associada de Física no Vivekananda College, Agasteeswaram em Kanyakumari, Tamilnadu, Índia. É uma professora atenciosa e compassiva com 24 anos de experiência de ensino na UG. Publicou 10 artigos em várias revistas internacionais.

Printed by Books on Demand GmbH, Norderstedt / Germany